ulmer

Hildegard Jung | Dorothea Döring | Ulrike Falbesaner

DER TUT NIX!

VORBEREITUNG FÜR HUNDEFÜHRERSCHEIN UND SACHKUNDENACHWEIS

4., aktualisierte Auflage

45 Farbfotos
59 Zeichnungen von Dorothea Döring

INHALT

Wegweiser durch das Buch

In diesem Buch erhalten Sie das für Hundehaltung und Gefahrenvermeidung relevante Grundwissen. In Teil I erfahren Sie, wie man möglichen Problemen und Gefahren allgemein vorbeugen kann – von der Auswahl des Welpen bis hin zum Führen des Hundes in der Öffentlichkeit. In Teil II werden die Möglichkeiten zur konkreten Gefahrenabwehr beschrieben. Das A und O hierbei ist das richtige Reagieren in Konfliktsituationen, um eine Eskalation zu vermeiden. Teil III gibt eine Übersicht über die wichtigsten Rechtsvorschriften.

TEIL I GRUNDLAGENWISSEN

Welpenherkunft und Entwicklung 6
(Dorothea Döring)
Je mehr Gedanken man sich vor dem Kauf eines Welpen macht, desto besser wird der Kleine hinterher in die Familie passen. Lesen Sie hier, warum es so wichtig ist, einen guten Züchter zu finden, und worauf Sie achten müssen, damit aus Ihrem Welpen später kein gefährlicher Hund wird.

Hund ist nicht gleich Hund 15
(Hildegard Jung)
Rassehunde wie Mischlinge unterscheiden sich nicht nur in ihrem Aussehen, sondern auch in ihren Gebrauchseigenschaften und Bedürfnissen. Kann man den Wunschhund angemessen halten und sein Beschäftigungs- oder Arbeitsbedürfnis erfüllen?

Spielen, aber richtig! 21
(Hildegard Jung)
Im Spiel und in der Erziehung lernen Hunde auch, wie sie sich anderen Hunden sowie dem Menschen gegenüber richtig benehmen oder dass Jagen unerwünscht ist. Lernt ein Hund diese Lektionen nicht von klein auf, kann es Probleme im Alltag geben.

Lernen und Erziehung 28
(Dorothea Döring)
Wie erziehe ich meinen Hund mit tiergerechten Methoden? Hier lernen Sie die Grundvoraussetzungen, damit Ihr Hund das tut, was Sie wünschen.

Woran erkennt man eine gut geführte Welpenspielstunde? 35
(Hildegard Jung)
In der Welpenspielstunde und der Hundeschule sollen Hunde nicht nur Gehorsam, sondern auch Sozialverhalten lernen. Und in guten Schulen lernt der Halter ebenfalls, u. a. seinen Hund zu lesen und zu motivieren.

Sinnvolle Alltagsregeln 43
(Dorothea Döring)
Hunde brauchen liebevolle Führung, Regeln und Rituale. Lesen Sie hier, wie Sie in Ihrem „Mensch-Hund-Rudel“ die Leitung übernehmen – und zwar mit Intelligenz, nicht mit körperlicher

Kraft. Das ist deshalb so wichtig, da Unklarheiten darüber, wer bestimmt, zu Problemen führen können.

Hund und Familie 54
(Hildegard Jung)
Ein großer Teil der Bissverletzungen durch Hunde erfolgt in der eigenen Familie des Hundes. Kinder sind besonders häufig das Opfer. Deshalb sollte man von Anfang an darauf achten, dass das Zusammenleben zwischen Hund und Mensch für beide Seiten stressarm verläuft.

Der Hund in der Öffentlichkeit 68
(Dorothea Döring)
Wenn Sie sich mit Ihrem Hund korrekt und rücksichtsvoll benehmen wollen, müssen Sie auf viele Punkte achten. Hunde können Menschen nicht nur durch Bisse verletzen, sondern auch z.B. durch zu wildes Spiel gefährden oder zumindest erschrecken.

Kommunikation: Missverständnisse vermeiden 82
(Hildegard Jung)
Mimik und Körpersprache: So erkennen Sie, ob ein Hund entspannt ist, Angst hat, spielen will oder droht.

TEIL II KONKRETE GEFAHRENABWEHR

Deeskalation ist das Ziel 94
(Dorothea Döring)
Hier erfahren Sie, wie es zu Bissen kommt und warum man einen aggressiven Hund nicht bestrafen darf.

Wie verhalte ich mich bei drohenden Konflikten? 98
(Hildegard Jung)
Wenn Sie von einem Hund bedroht werden, gilt es geistesgegenwärtig zu sein. Lesen Sie hier, was Sie tun sollten, wenn Sie oder Ihr Hund auf einem Spaziergang in die Klemme geraten.

Richtig reagieren 104
(Dorothea Döring)
Im Ernstfall müssen Sie schnell und richtig handeln. Lesen Sie hier, wie Sie reagieren sollten, wenn Ihr Hund beispielsweise das Baby oder den Besuch anknurrt.

TEIL III RECHTLICHE BESTIMMUNGEN

Rechtliche Bestimmungen 116
(Ulrike Falbesaner)
Jeder Hundehalter muss bestimmte Gesetze kennen und mit seinem Vierbeiner beachten, um nicht in Schwierigkeiten zu kommen.

Service 123
Hilfreiche Links und Literatur 123
Danksagung 123
Register 124

Dieses Buch wird herausgegeben von der Bayerischen Landestierärztekammer und vom Lehrstuhl für Tierschutz, Verhaltenskunde, Tierhygiene und Tierhaltung der Ludwig-Maximilians-Universität München.

Bayerische Landestierärztekammer
Präsident: Dr. Karl Eckart
Bavariastr. 7 a
80336 München
Telefon: 089/219 908–0
Fax: 089/219 908–33
http://www.bltk.de

Lehrstuhl für Tierschutz, Verhaltenskunde, Tierhygiene und Tierhaltung der Tierärztlichen Fakultät der Ludwig-Maximilians-Universität München
Vorstand: Prof. Dr. Michael Erhard
Veterinärstr. 13/R
80539 München
Tel.: 089/21 80-7 83 00
Fax: 089/21 80-7 83 33
http://www.tierhyg.vetmed.uni-muenchen.de

Die Autorinnen

Dr. med. vet. Hildegard Jung – Zusatzbezeichnung Verhaltenstherapie, öffentl. best. Sachverständige für Hundeverhalten – führt ihre eigene tierärztliche Praxis für Verhaltenstherapie in München mit Schwerpunkt Bissprävention, wie den Kinderprogrammen „Blue Dog“ und „Beißt der?“.

PD Dr. med. vet. Dorothea Döring – Fachtierärztin für Verhaltenskunde und für Tierschutz mit Zusatzbezeichnung Verhaltentherapie – ist wissenschaftliche Assistentin am Lehrstuhl für Tierschutz, Verhaltenskunde, Tierhygiene und Tierhaltung der Ludwig-Maximilians-Universität München.

Dr. med. vet. Ulrike Falbesaner – Fachtierärztin für Verhaltenskunde, Zusatzbezeichnung Verhaltenstherapie, öffentl. best. Sachverständige für Hundeverhalten – hat eine eigene Praxis mit Schwerpunkt Kleintiermedizin und Verhaltenstherapie.

Haftung

Titelfoto

Hund und Kleinkind müssen immer beaufsichtigt werden, damit der Hund nicht bedrängt wird.

VORWORT

Das Hundeleben in Deutschland und Österreich wandelt sich aktuell rasant. Neben dem typischen Familienhund gibt es auch immer mehr mobile Tiere, die mit Dogsitter, Huta (Hundetagesstätten) und Dog-Sharing rund um die Uhr organisiert werden. Studien, wie gut Hunde mit dieser flexiblen Lebensform zurechtkommen, gibt es bisher noch nicht. Gleichzeitig möchten etwa 30 % der Hundehalter etwas Gutes tun – und sich oft auch die zeitintensive Welpenzeit sparen – und entscheiden sich für einen (Auslands-) Tierschutzhund, der unter Umständen schon viel Prägendes erlebt hat und spezielle Fürsorge benötigt. Zudem steigen die Hundezahlen immer schneller. In Deutschland leben aktuell geschätzt 10,7 Millionen Hunde, in Österreich rund 840.000.

Dieser rasche Wandel erfordert von Hundefreunden fundiertes Wissen und vorausschauendes Management, damit das Zusammenleben zwischen Hunden und Menschen auch in Ballungsräumen konfliktfrei funktionieren kann.

Damit möglichst niemand durch Hunde zu Schaden kommt und sich auch Menschen in der Öffentlichkeit wohl fühlen können, die Hunde lieber auf Abstand wissen möchten, ist es erforderlich, dass Hundeliebhaber auch umsichtige Hundeführer werden. Deshalb haben einige Bundesländer in Deutschland sowie Österreich und der Schweiz verpflichtend z. B. den **Hundeführerschein, das ÖTK-Hundezertifikat** oder **einen Sachkundenachweis** eingeführt.

Als Vorbereitung hierfür ist das vorliegende Buch unter anderem gedacht. Den **interaktiven**, wissenschaftlich evaluierten **Kurs** zum Buch bieten speziell qualifizierte Tierärzte an. Dieser soll dazu beitragen, dass möglichst viele Hundehalter lernen, Situationen und ihren Hund realistisch einzuschätzen. Sie sollen für schwierige Situationen sensibilisiert werden und daher rechtzeitig und richtig reagieren können.

Denn jeder Hund kann Menschen erschrecken, belästigen oder auch verletzen. Eine große Zahl an (Biss-)Verletzungen fügen Hunde – unbeachtet von der Öffentlichkeit – ihrer eigenen Familie zu. Nicht weil diese Hunde böse sind, sondern weil der Mensch Fehler im Umgang mit Hunden macht, weil er aus Hundesicht bedrohliche Situationen nicht rechtzeitig erkennt oder weil er im entscheidenden Moment falsch reagiert. Für die Kleinsten gibt es ergänzend die App „Der Blaue Hund", mit der sie lernen können, mit Hunden richtig umzugehen. Das Ziel, wer Probleme im Vorfeld erkennt, kann sie durch umsichtiges Handeln vermeiden.

München, im September 2023

Dr. Jung, Initiatorin des tierärztlichen Hundeführerscheins
Dr. Eckart, Präsident der Bayerischen Landestierärztekammer
Prof. Dr. Erhard, Lehrstuhl für Tierschutz, Verhaltenskunde, Tierhygiene und Tierhaltung, LMU München

WELPENHERKUNFT UND ENTWICKLUNG

Die „gute Kinderstube"

Herkunft und Aufzuchtbedingungen eines Hundes beeinflussen sein späteres Verhalten und seine Zukunft. Schlechte Haltungsbedingungen können sogar zu Verhaltensproblemen, z.B. Aggressionsverhalten, führen. Daher ist es sehr wichtig, darüber Bescheid zu wissen, worauf man bei der Welpenauswahl achten muss.

„Sensible Phase"

In der Welpenentwicklung gibt es eine Zeitspanne, in der Erfahrungen mit der Umwelt und mit anderen Lebewesen unbedingt notwendig sind. Diese Phase liegt in den ersten drei Lebensmonaten (3. bis etwa 14. Lebenswoche). Man spricht von der „sensiblen Phase", weil der Hund in diesem Alter besonders aufnahmefähig ist und grundlegende Erfahrungen machen muss. In dieser Zeitspanne erfolgt die **Sozialisierung** auf andere Hunde und Menschen, d. h. der Welpe lernt andere Lebewesen als Sozialpartner kennen und deren „Sprache" verstehen. Der Hund ist danach zwar auch noch sehr lernfähig, aber wenn die „sensible Phase" nicht für die grundlegenden Erfahrungen genutzt wird, lassen sich diese Lernmängel meist nicht mehr aufholen. Daher ist es unbedingt notwendig, dass Welpen besonders im Alter von drei bis etwa 14 Wochen (und natürlich auch später) viele Kontaktmöglichkeiten zu anderen Hunden und Menschen – vom Baby bis zum Senior – haben. Mit fünf bis sieben Wochen sind Welpen neuen Menschen und Tieren gegenüber ganz besonders aufgeschlossen. In der „sensiblen Phase" kann sogar eine Sozialisierung auf andere Tierarten wie Katzen, Kaninchen usw. erfolgen. Dann wird der Hund später mit diesen Tierarten besser auskommen und ihnen gegenüber vermutlich weniger Jagdeifer zeigen. Wachsen Hunde- und Katzenwelpen miteinander auf, vertragen sie sich später mit größerer Wahrscheinlichkeit gut.

Auch die **Habituation**, d. h. das Gewöhnen an Geräusche und Gegenstände, ist in dieser frühen Lebensphase des Hundes sehr wichtig, wie im Folgenden noch beschrieben wird.

Kein Welpe sollte im Zwinger aufwachsen müssen!

Mit drei bis etwa 14 Wochen ist ein Welpe besonders lernfähig. In dieser „sensiblen" Lebensphase muss der Hund grundlegende Erfahrungen mit seiner Umwelt und anderen Hunden und Menschen machen, um sich gesund entwickeln zu können.

Welpe und Umweltreize: Was ist ein Staubsauger oder ein Auto?

Ein schöner Zwinger mit sauberem Betonboden oder eine idyllische Scheune auf einem Bauerhof in entzückender Landschaft: Ist das die richtige Heimat Ihres Traumwelpen? Vermutlich nicht, denn hier kann er nicht die Erfahrungen sammeln, die er im späteren Alltagsleben braucht. Soll sich ein Hund später im Straßenverkehr unbeeindruckt zeigen, muss er bereits als Welpe daran gewöhnt werden und Autos, Straßenbahnen oder Lastwagen kennenlernen. Soll der Hund später mit in Haus oder Wohnung leben, muss er beizeiten an Türglocke, Telefon oder Staubsauger gewöhnt werden und auch an für uns so selbstverständliche Dinge wie Zimmertüren oder Treppen. Da man vorher nie weiß, was einem Hund im Laufe seines Lebens alles begegnen oder passieren kann, sollte man einen Welpen bereits an so viele verschiedene Dinge wie möglich gewöhnen. Auf alle Fälle muss er die Geräusche und Gegenstände kennenlernen, die zu seiner späteren Umgebung gehören. Nehmen Sie daher keinen Welpen zu sich, der in einem Zwinger (und sei er noch so gepflegt), in einer Scheune oder einem Keller aufgewachsen ist oder aus dubiosen, Ihnen unbekannten Verhältnissen, z.B. aus dem Ausland, stammt. Kaufen Sie keinen Welpen beim Hundehändler. Vorsicht insbesondere auch beim Auslandsurlaub: in anderen Ländern gibt es Hundewelpen in Zoogeschäften oder bei Straßenhändlern zu kaufen. Auch wenn das kleine Kerlchen Ihr Mitleid erregt, sollten Sie nicht „weich" werden. Finden sich Abnehmer für Welpen aus schlechten Aufzuchtbedingungen, geht das Ge-

„Freunde" durch gelungene Sozialisierung.

Viele Welpen haben Angst vor lauten Haushaltsgeräten, wenn sie nicht behutsam daran gewöhnt werden.

schäft mit ihnen weiter, und es wird umso mehr bedauernswerte Vierbeiner geben. Das Risiko, dass Sie einen Hund erwerben, der krank ist oder später Verhaltensprobleme hat, ist viel zu groß.

Am besten sehen Sie sich den Ort an, an dem Ihr Welpe aufwächst. Lebt er mit im Haushalt? Hat er Zugang zum Garten? Erlebt er sowohl in der Wohnung als auch draußen unter freiem Himmel all die Dinge, die ihn auch später umgeben werden? Dann scheint es sich um eine gute Welpenhaltung zu handeln. Wenn Sie den Hund übernommen haben, ist es dann Ihre Aufgabe, ihn behutsam fremde Gegenstände kennenlernen zu lassen.

Nehmen Sie keinen Welpen zu sich, der in einem Zwinger, in einer Scheune oder einem Keller aufwächst oder aus unbekannten Verhältnissen stammt. Seien Sie sehr vorsichtig mit Internet-Annoncen und lassen Sie sich nicht zu Mitleid-Käufen verleiten. Informationen über illegalen Welpenhandel finden Sie u. a. auf der Homepage des BMEL (siehe S. 123).

Welpe und Artgenossen: Vom Chihuahua bis zur Dogge

Die Verständigung mit Artgenossen ist einem Hund nur teilweise angeboren. Welpen müssen die „Sprache“ der Hunde durch **Kontakt** mit anderen Welpen und erwachsenen Hunden erst richtig lernen und verfeinern. Daher ist es für die Entwicklung des Hundes ganz wichtig, dass er nicht alleine, sondern zusammen mit anderen Hunden aufwachsen kann. Der Mensch alleine als Sozialpartner reicht nicht aus. Ein Hund, der seine Artgenossen nicht bereits als Welpe kennenlernen und mit ihnen soziales Verhalten – z. B. im Spiel – üben konnte, wird später häufig ängstlich, unsicher oder sogar aggressiv reagieren, wenn er andere Hunde trifft. Da es Rassen mit den unterschiedlichsten Erscheinungsformen gibt, ist es ratsam, den Welpen mit Artgenossen verschiedener Altersstufen und Rassen zusammenzubringen. Dies ist sowohl die Aufgabe des Züchters als auch die Ihre, wenn Ihr Welpe zu Ihrem Haushalt gehört (siehe S. 35 ff.).

Wählen Sie nur einen Welpen, der mit Mutter und Geschwistern gemeinsam aufwächst und auch mit anderen Hunden Kontaktmöglichkeiten hat. Gewähren auch Sie nach Übernahme des Kleinen möglichst täglich den freien Kontakt mit anderen Hunden. Nach Tierschutz-Hundeverordnung hat jeder Hund grundsätzlich Anspruch auf regelmäßigen Kontakt zu Artgenossen.

Welpe und Menschen: Lauter nette Leute

Ebenso wie der Kontakt zu anderen Hunden für den Welpen unbedingt notwendig ist, so ist es auch der Kontakt zu Menschen. Man hat festgestellt, dass Hunde, die ohne menschlichen Kontakt aufwachsen mussten, später Menschen gegenüber misstrauisch und scheu reagieren, nicht selten ihr Leben lang! Daher wurde mittlerweile in der Tierschutz-Hundeverordnung festgeschrieben, dass jeder Welpe bis zu einem Alter von zwanzig Wochen mindestens vier Stunden pro Tag Umgang mit einer Betreuungsperson haben muss. Manch ein Aggressionsproblem Fremden, Passanten oder Besuchern gegenüber lässt sich auf Haltungsmängel in der „sensiblen Phase" zurückführen. Solch ein Hund fühlt sich unsicher, wenn er von einem Fremden angesprochen oder angefasst wird, und versucht, durch Bellen oder Knurren den Menschen auf Abstand zu halten. Lernt ein Welpe Menschen unterschiedlichen Alters und Aussehens kennen, begegnet er Menschen später meist viel sicherer und friedlicher. So sollten Welpen in den ersten drei bis vier Lebensmonaten die unterschiedlichsten netten Leute kennenlernen, ohne überfordert zu werden: z.B. schreiende Babys, stürmische Schulkinder, Senioren mit Krückstock oder Rollstuhl, Menschen in Uniform oder auffälliger Kleidung (Postbote, Motorradfahrer), Radfahrer, Jogger, Inlineskater usw. Hat der Welpe mit all diesen Menschen gute Erfahrungen gemacht, lässt er sich später kaum noch erschüttern.

Wo bekomme ich einen kinderfreundlichen Hund?

Die besten Voraussetzungen für einen kinderfreundlichen Hund sind gegeben, wenn bereits der Welpe mit Kindern aufwachsen kann und er mit diesen nur gute Erfahrungen macht. So lernt der Welpe die Körpersprache der Kinder kennen und verstehen und fühlt sich nicht von ihnen bedroht. Ein Hund, der erst im Erwachsenenalter Kinder kennenlernt, kann deren lautes, stürmisches und unberechenbares Verhalten häufig schlecht einschätzen und reagiert womöglich ängstlich oder aggressiv. Dadurch kann es zu sehr gefährlichen Situationen kommen! Die beste Vorsorge ist also ein behutsam an Kinder gewöhnter Welpe. Wählen Sie daher einen Welpen, der in einem Haushalt mit Kindern, zumindest jedoch mit Kontaktmöglichkeiten zu Kindern, aufwächst und bereits viele unterschiedliche Menschen kennengelernt hat. Haben Sie den Hund übernommen, sollten Sie verschiedene Begegnungen arrangieren, den Hund überallhin mitnehmen und häufig Besuch einladen.

Welpen sollten Kontakt zu Kindern haben.

Der Welpe sollte sowohl beim Züchter als auch bei seinem Besitzer möglichst oft ganz verschiedene nette Leute kennenlernen. Wächst ein Welpe zusammen mit Kindern auf und macht er mit diesen positive Erfahrungen, wird er mit größerer Wahrscheinlichkeit später ein kinderfreundlicher Hund werden.

Wo bekomme ich den richtigen Welpen?

Zuerst einmal stellt sich die Frage, welche Eigenschaften der „richtige" Welpe haben sollte. Informieren Sie sich bitte vorab unbedingt genau über die Eigenschaften der von Ihnen gewünschten Rasse. Vorsicht bei „Moderassen"! Wird eine Hunderasse aufgrund einer Fernsehsendung oder wegen ihres Aussehens beliebt, verleitet dies unseriöse Züchter, Elterntiere nur aufgrund ihrer Schönheit zu verpaaren, nicht aber auch auf Gesundheit und tadellose Charaktereigenschaften zu achten. Da sich die Veranlagung zu diesen Eigenschaften aber ebenso vererbt, hat der Halter später womöglich mit einem Hund zu kämpfen, der aufgrund seiner angeborenen Neigung zu Ängstlichkeit oder Aggressivität Probleme macht. Neben der Auswahl der richtigen Rasse spielt somit vor allem die Herkunft des Welpen eine große Rolle. Beachten Sie zur Welpenauswahl daher bitte die Checkliste auf S. 11.

Wählen Sie einen Welpen, der in engem Kontakt mit der Züchterfamilie im Haushalt aufwächst und auch zu Kindern, fremden Menschen und anderen Hunden viel Kontakt hat. Außerdem sollte es möglich sein, dass Sie die Elterntiere (zumindest die Mutterhündin) sehen und streicheln können.

Das richtige Alter für den Erwerb

Der Welpe sollte mindestens acht bis zehn Wochen alt sein, wenn Sie ihn in Ihren Haushalt übernehmen, denn der Kleine braucht seine Hundefamilie, also Mutter und Geschwister, bis zum Alter von mindestens acht Wochen ganz nötig. Es ist sogar gesetzlich verboten, Welpen unter acht Wochen von ihrer Mutter zu trennen (siehe S. 121), es sei denn, es ist z.B. aus medizinischen Gründen notwendig. Wenn Ihr Hund von einem verantwortungsvollen Züchter stammt, gewährleistet dieser bis zur Abgabe eine gute Sozialisierung (also ausreichend Kontakt zu Menschen und Hunden) und die Gewöhnung an die wichtigsten Umweltreize (Habituation). Gehen Sie den Welpen mehrmals besuchen und erleichtern Sie ihm die Umstellung, indem er Sie und Ihre Familie bereits vor der Übernahme kennenlernen kann.

Ein Welpe darf frühestens mit acht Wochen von seiner Mutter getrennt werden.

Eine „Beißhemmung" ist nicht angeboren

Welpen haben spitze Zähne, mit denen sie kräftig zwicken können. Dabei weiß ein Welpe noch nicht, wie stark er zupacken darf, damit es dem anderen nicht wehtut. Dies muss der Hund erst lernen. Man muss ihm eine „Beißhemmung" anerziehen. Der Welpe lernt, sein Maul „richtig dosiert" einzusetzen, wenn er mit anderen Welpen spielt. Zwickt er im Spiel zu fest, schreit der andere auf, zwickt zurück oder bricht das Spiel schlagartig ab. Der Welpe lernt so: „Wenn ich zu fest zupacke, ist der Spaß vorbei." Wenn

Checkliste zur Welpenauswahl

Folgende Kriterien sollte die „gute Kinderstube“ des Welpen Ihrer Wahl erfüllen:

- Haltung in der Familie in der Wohnung, möglichst mit Zugang zum Garten,
- keine Zwingerhaltung oder Haltung in Scheunen, Ställen oder ähnlichen Gebäuden,
- Kontaktmöglichkeiten mit verschiedenen Menschen, v. a. mit Kindern,
- Kontaktmöglichkeiten zu anderen Hunden,
- die Mutterhündin ist freundlich und lässt sich von Ihnen anfassen,
- Sie dürfen die Welpen vor der Abgabe (auch mehrfach) besuchen und anfassen,
- beide Elterntiere sind gesund und haben ein friedliches, nicht aggressives Wesen (bei Rassehunden Gesundheitszeugnisse und Wesensbeurteilung zeigen lassen),
- der Züchter gewöhnt die Welpen bereits behutsam an die üblichen Dinge des Alltags, z.B. ans Autofahren.

Seien Sie misstrauisch und verzichten Sie auf den Welpen:

- wenn der Züchter Welpen unterschiedlicher Rassen gleichzeitig anbietet,
- wenn der Züchter mehrere Würfe zur gleichen Zeit aufzieht,
- wenn die Tiere in Zwingern gehalten werden,
- wenn Sie sich die Zwinger oder Räume, in denen die Tiere gehalten werden, nicht ansehen dürfen (manchmal dürfen Besucher aus angeblich hygienischen Gründen die Haltungsräume nicht betreten und bekommen die Hunde in einem Schauraum vorgeführt. Lehnen Sie dann den Kauf ab!),
- wenn die Haltung ungepflegt (verdreckt) ist,
- wenn Sie die Elterntiere (zumindest die Mutter) nicht sehen und anfassen können,
- wenn die Elterntiere aggressives Verhalten gegenüber Besuchern (z.B. Ihnen gegenüber) zeigen.

Sie einen Welpen übernehmen, hat er die „Beißhemmung" noch nicht vollständig gelernt. Sie müssen sie ihm bis zum Alter von ca. 18 Wochen beibringen. Wenn Sie im Spiel gezwickt werden, schreien Sie laut auf (z.B. „Au!") und brechen sofort das Spiel ab, indem Sie sich schlagartig von Ihrem Hund abwenden. Sie können auch – je nach Situation – das Spiel abrupt beenden, indem Sie „zur Salzsäule erstarren" und Ihre Arme eng an Ihren Körper halten. Versuchen Sie nicht, den Kleinen abzuwehren, weil er das als weiteres Spiel verstehen könnte, und werden Sie nicht grob, da dies das Vertrauensverhältnis zu Ihnen beeinträchtigen kann (siehe S. 21 ff.).

Besuchen Sie außerdem mit Ihrem Welpen eine gute Welpenspielgruppe und ermöglichen Sie ihm bei Spaziergängen viel Kontakt mit anderen Hunden. Denn das Spiel mit Artgenossen,vor allem mit gleichaltrigen, ist ganz wichtig, damit Ihr Welpe richtiges Sozialverhalten sowie die „Beißhemmung" erlernen kann.

Hunde müssen eine „Beißhemmung" bis etwa zur 18. Lebenswoche lernen. Dies geschieht im Spiel mit anderen Welpen, muss aber auch beim Spiel mit Menschen konsequent erfolgen.

Die Sozialisierung geht weiter ...

Als stolzer Welpenbesitzer hat man nicht nur Freuden, sondern auch Pflichten. Denn nun sind Sie für die weitere Entwicklung des Kleinen verantwortlich. Da sich Ihr Welpe noch mitten in der „sensiblen Phase" befindet, wenn Sie ihn mit zwei bis drei Monaten übernehmen, müssen nun Sie ihm die Kontakte mit Menschen, Hunden und all den Dingen des Alltags ermöglichen. Die nachfolgende Checkliste (siehe S. 14) soll Ihnen dabei helfen. Beachten Sie jedoch bitte, dass Sie bei allem Eifer Ihren Welpen nicht überfordern. Wenn er sich erschreckt, ermüdet, gähnt, sich kratzt, sich das Maul leckt oder sich hinlegt, ist es für Sie das Zeichen, dass Sie von dem Kleinen zu viel verlangen und in Zukunft behutsamer vorgehen müssen.

Die Sozialisierung des Welpen und die Gewöhnung an die Umwelt sind die Aufgaben des neuen Besitzers. Aber achten Sie unbedingt darauf, den Kleinen dabei nicht zu überfordern. Setzen Sie bei den Gewöhnungsübungen Futterbelohnungen ein.

Wissen ist wichtig

Wenn Sie sich erstmalig einen Hund anschaffen und ihn erziehen wollen, reicht es nicht aus, nur die Informationen dieses Buches zu lernen. Kaufen Sie sich weitere Bücher (siehe Literaturliste S. 123), besuchen Sie eine gute Hundeschule (siehe S. 35 ff.) und wenden Sie sich bei Fragen oder Problemen an entsprechende Fachleute – dann viel Spaß mit Ihrem Welpen!

„Second-Hand"-Hunde

Wenn man sich einen Hund aus dem Tierheim nehmen möchte, sollte man sich bewusst sein, dass es sich bei dem Vierbeiner um ein regelrechtes „Überraschungspaket" handeln kann. Diese Überraschung kann erfreulich sein, aber auch sehr unerfreulich, wenn sich das Tier als Problemfall entpuppt. Sie wissen nicht, unter welchen Bedingungen der Hund aufgewachsen ist, welche Erfahrungen er in der „sensiblen Phase" machen konnte, welche anderen Erlebnisse er hatte, wovor er Angst hat und auf was er aggressiv reagieren könnte. Häufig ist gerade ein problematisches Verhalten dafür verantwortlich, dass ein Hund ins Tierheim abgegeben wird. Wenn Sie erfahren sind und sich einen Tierheimhund zutrauen, informieren Sie sich bitte, so gut es geht, über die Vorgeschichte und das Verhalten Ihres Schützlings. Gehen Sie vor der Übernahme häufig ins Tierheim, besuchen Sie „Ihren" Hund, führen Sie ihn aus und nehmen Sie ihn ab und zu am Wochenende probeweise mit. So können Sie sich wenigstens ein ungefähres Bild davon machen, was Sie bei diesem Hund erwartet. Denn dem Hund ist mit einer unüberlegten Übernahme und womöglich erneuten Abgabe ins Tierheim nicht geholfen.

Welpen müssen Hunde verschiedener Rassen und Altersstufen kennenlernen, um richtiges Sozialverhalten lernen zu können.

Gleiches gilt selbstverständlich auch für die Übernahme eines Hundes aus „zweiter Hand" über Zeitungsannoncen, Internet usw. Bei Hunden aus dem Auslandstierschutz ist ebenfalls große Vorsicht geboten. Viele Hunde sind mit ihrem neuen Leben in Deutschland völlig überfordert, sind krank, leiden an einer Angststörung oder zeigen andere Verhaltensprobleme. Es ist wichtig, sich hier sehr gut zu informieren und auf die Seriosität der Vermittlungsorganisation zu achten. Gut gemeint ist nicht immer gut gemacht und tierschutzgerecht.

Hunde aus Tierheimen können regelrechte „Überraschungspakete" sein, da über ihre Herkunft und Vorgeschichte häufig wenig bekannt ist. Vorsicht ist geboten bei Internet-Annoncen und Hunden aus dem Auslandstierschutz.

„Hätt ich ihm doch bloß die Beißhemmung beigebracht!"

Checkliste zur Welpengewöhnung

Gewöhnen Sie Ihren Welpen – **behutsam** in **kleinen Schritten** und mit viel Belohnung – an alles, was für sein späteres Leben nötig ist.

Gewöhnung an Menschen:

- Haben Sie Freunde, Nachbarn oder Bekannte mit Kindern unterschiedlichen Alters? Dann treffen Sie sich doch mit ihnen oder nehmen Sie den Welpen dorthin mit, wo es viele Kinder gibt.
- Laden Sie häufig Besuch ein.
- Zeigen Sie Ihrem Hund Radfahrer, Jogger, Inlineskater usw.
- Nehmen Sie den Kleinen z.B. zum Einkaufen in die Fußgängerzone, zum Straßenbahnfahren, in den Biergarten oder ins Café mit. Fangen Sie jedoch in kleinen Schritten mit diesen Übungen an: fahren Sie beispielsweise zuerst nur eine Station mit der Straßenbahn und geben Sie Ihrem Hund während der Fahrt Futter. Gehen Sie anfangs nur 5 Minuten in die Fußgängerzone usw.

Gewöhnung an andere Hunde:

- Gehen Sie in eine Welpenspielgruppe einer guten Hundeschule (siehe S. 35 ff.).
- Wenn Ihnen beim Spaziergang ein fremder Hund begegnet, sollten Sie Ihren Welpen nicht ängstlich auf den Arm nehmen, sondern ihm die Gelegenheit geben, den Kontakt zu seinem Artgenossen herzustellen, wenn die Situation es erlaubt (ohne Leine, freundlicher anderer Hund).
- Suchen Sie gezielt Orte auf, an denen viele Hunde sind und wo Ihr Welpe ohne Leine spielen kann.

Gewöhnung an andere Tiere:

- Zeigen Sie Ihrem Welpen andere Tierarten, vom Zwergkaninchen bis zum Pferd.
- Gewöhnen Sie ihn an (hundeerfahrene, freundliche) Katzen, wenn dies möglich ist.

Gewöhnung an Alltagsgegenstände und -geräusche:

- Gewöhnen Sie Ihren Welpen behutsam an Ihre Haushaltsgeräte.
- Gewöhnen Sie ihn ans Autofahren.
- Gehen Sie (mit dem Hund an der Leine) an befahrenen Straßen spazieren, damit sich der Welpe an Straßenverkehr gewöhnt.
- Machen Sie verschiedene Geräusche, an die Sie Ihren Welpen gewöhnen möchten, aber ohne ihn dabei zu erschrecken. (Läuten Sie an Ihrer eigenen Haustür, lassen Sie einen scheppernden Eimer hinfallen, spielen Sie ein Musikinstrument.)

Gewöhnung an Untergründe und Förderung des motorischen Lernens (Bewegungslernen):

- Gehen Sie mit Ihrem Junghund an Orte mit unterschiedlicher Bodenbeschaffenheit (harte oder weiche Böden, Kies, Pflaster, hohes Gras, Felsen usw.). Treppensteigen oder rutschige Böden überfordern sehr junge Hunde jedoch noch, da es mit ihrer Bewegungskoordination noch nicht so gut klappt. Üben Sie hier besonders behutsam.
- Lassen Sie Ihren Hund auf und über kleine Hindernisse klettern (Baumstämme, große Steine, Balken usw.), wenn er dies bereits körperlich bewältigen kann.

HUND IST NICHT GLEICH HUND

Bevor man sich einen Hund anschafft, sollte man sich gründlich überlegen, ob man die Zeit für einen Hund hat, und wenn ja, welcher Hund unter den aktuellen Lebensumständen zu einem passt.

Nicht jede Rasse, nicht jeder Mischling liebt ein Leben zwischen Couch und Grünanlage. Unsere Hunderassen unterscheiden sich nicht nur im Aussehen, sondern auch in ihrem Verhalten und ihren Bedürfnissen. Man hat die einzelnen Rassen für bestimmte Arbeitsrichtungen – wie Rennen, Jagen, Bewachen von Herden – gezüchtet. Dabei wurden bestimmte Eigenschaften verstärkt, andere gingen mehr oder weniger verloren. Wenn Sie einen kontaktfreudigen, nervenstarken, nicht zu aktiven Familienhund suchen, sind einige Gebrauchshunde und deren Mischlinge weniger geeignet. „Weniger geeignet" bedeutet nicht grundsätzlich, dass alle Vertreter dieser Rassen sich für ein Familienleben schlecht eignen. Aber die Wahrscheinlichkeit, dass es in der einen oder anderen Richtung Probleme geben könnte, ist einfach höher.

Rassen, die ihr **Territorium** (Wohnung, Haus oder Garten) verteidigen sollen, tolerieren unter Umständen Besucher weniger gut.

Herdenschutzhunde sind Hunde, die selbstständig ohne den Menschen meist im Freien arbeiten sollen. Diese Hunde ordnen sich dem Menschen nicht leicht unter. Sie sind dazu gezüchtet, die Schafherde zu verteidigen, indem sie streunende Hunde oder Wölfe verjagen. Anders als Wachhunde nehmen sie ihr Territorialverhalten überall hin mit. Herdenschutzhunde, insbesondere aus Arbeitslinien, stellen hohe Ansprüche an ihre Halter, man muss dem Hund nicht nur angemessene Lebensumstände bieten können, sondern ihn auch konsequent leiten.

Dies gilt im Grunde auch für andere Arbeitsrassen wie manche Hirtenhunde oder Schlittenhunde, sie sind sehr unabhängig, ihre Erziehung gestaltet sich daher schwieriger als bei Hunden „mit dem Willen zu gefallen" (z.B. Retriever).

Jagdhundrassen sind meist sehr lebhaft und sollten wegen ihrer jagdlichen Veranlagung in der Natur sehr umsichtig geführt werden. Doch auch Vertreter anderer Rassen sowie Mischlinge können im Einzelfall wegen ihres Jagdeifers zum fast unlösbaren Problem werden, wie z.B. Streuner (siehe S. 16 Auslandshunde). Bei diesen Hunden ist das Jagen nicht nur genetisch stark fixiert, sondern wurde auch in die Praxis umgesetzt, sodass sie auf den Auslöser „Fährte" oder „fliehendes Wild" routiniert reagieren. Jagen ist ein **sich selbst belohnendes Verhalten**, daher jagen auch Hunde, die bisher noch keinen Erfolg dabei hatten und beunruhigen das Wild. Deshalb hat der Mensch nur wenig Erfolg, wenn er versucht, den jagderfahrenen Hund mit Ball oder Wurststückchen vom Hetzen und Jagen abzuhalten (siehe S. 26 f.).

Dieser Hütehund lässt seine Herde keine Minute aus den Augen, immer bereit, loszustarten und ein abtrünniges Schaf einzusammeln – in einer Stadtwohnung würde er sich kaum wohl fühlen.

Dann gibt es Rassen, deren Erscheinungsbild mit gesundheitlichen Problemen einhergeht und teilweise nach § 11b Tierschutzgesetz daher verboten ist (Qualzuchten) wie z.B. stark verkürzte Nasen, Knick- und Korkenzieherruten oder Hänge-Augenlider; diese Rassen sollte man als Hundefreund kritisch sehen.

Insgesamt sind **Bauhunde** (siehe S. 23) – im Vergleich zu ihrer meist geringen Größe – auffallend selbstbewusst, da sie sich auf der Jagd als Nahkämpfer bewähren mussten. Das kann zu Problemen in der Familie und mit anderen Hunden führen.

Auch extrem arbeitsame Hunde wie die Hütehunde oder Schlittenhundrassen leiden im Grunde unter dem Leben zwischen Couch und Grünanlage: Sie wollen arbeiten und brauchen eine intensive Auslastung, die ihnen berufstätige Menschen nicht immer bieten können. Diese Unterforderung führt häufig zu Verhaltensproblemen, im Einzelfall auch zu Angst- bis hin zu aggressivem Verhalten.

Informieren Sie sich deshalb möglichst umfangreich über die Rasse, die Sie favorisieren. Fragen Sie Menschen, die bereits einen Vertreter dieser Rasse halten, sie können Ihnen wertvolle Hinweise geben. Beim Lesen von Rassebüchern sollten Sie die Beschreibungen richtig interpretieren: „Er sollte jagdlich geführt werden", „ausgeprägter Jagdinstinkt" heißt, Hunde dieser Rasse besitzen in der Regel die Anlage zum Jagen. Man kann so einen Hund daher in Wald und Feld meist nicht so ohne Weiteres frei laufen lassen. „Erziehung erfordert viel Einfühlungsvermögen" heißt, diese Rasse ist schwer zu erziehen. Wenn dabei steht, „nicht für Ersthundehalter geeignet" oder „nur für erfahrenen Hundehalter" bedeutet dies genau das Gleiche.

„Ausgeprägter Beschützerinstinkt" oder „Wachsamkeit ist ihm angeboren" heißt, diese Rasse bewacht Familie, Haus und Hof sehr gut und beißt eventuell auch schneller zu. „Temperamentvoll und aktiv", so ein Hund braucht viel Bewegung und ist eher fordernd. Die Rassen mit der realistischen Beschreibung „idealer Familienhund" sollten Sie in die engere Wahl ziehen, wenn Sie einen Familienhund wollen. Genauso vorsichtig sollten Sie Anzeigen im Internet lesen. „Umständehalber abzugeben" heißt nicht selten, der Hund macht Umstände. Auch die Beschreibungen von Tierheimhunden wie „mag keine anderen Rüden" sollten Sie kritisch hinterfragen, bevor Sie diesen Hund mitten in eine hundereiche Stadt holen.

Gerade Vertreter der Gebrauchshunderassen und deren Mischlinge haben oft mehr Bedarf an Bewegung und Beschäftigung als uns Menschen bewusst ist. Daher sollte man sich rechtzeitig informieren, bevor man sich ein Nonstop-Power-Modell oder einen Herdenschutzhund in die Familie holt.

Welcher Hund für welchen Menschen?

Hunde sind Individuen, daher kann man beim Welpen noch nicht gut vorhersagen, wie er sich entwickeln wird. Immerhin gibt es Rasseeigenschaften bzw. -bedürfnisse, die übrigens auch bei Mischlingen mehr oder weniger stark zum Tragen kommen, die zu einem Menschen oder einer Familie ganz gut oder eben überhaupt nicht passen.

Hunde, die gerne mit Sport treiben

Jeder gesunde, ausgewachsene Hund freut sich über körperliche Betätigung; er braucht sie auch. Allerdings eignen sich weder kurzbeinige Rassen wie Dackel oder Basset, noch brachycephale = (kurznasige) oder schwergewichtige Hunde für den Ausdauersport.

Joggen, Rollerbladefahren oder Radeln genießen daher lauffreudige Hunde wie z.B. Jagd-, Hütehundrassen, Wind- oder Schlittenhunde.

Hunde, die ein wechselhaftes Familienleben tolerieren

Sie sollten gutmütig, eher phlegmatisch und keine Einmannhunde sein. Letztere fixieren sich auf einen einzigen Menschen. Sehr aktive Hunde, die viel Ansprache und Bewegung brauchen, kommen in einem Haushalt mit kleineren Kindern oft zu kurz. Sie müssen sich daher selbst beschäftigen und gewöhnen sich unter Umständen auf diese Weise Verhaltensweisen an, die wir weniger schätzen, wie z.B. Passanten am Zaun verbellen oder Autos jagen.

Hunde, die ein geregeltes Seniorendasein zu schätzen wissen

Insgesamt gefährden leichtgewichtige Hunde unter 10 Kilogramm Körpergewicht ihren Menschen weniger: Selbst wenn sie an der Leine ziehen, bringen sie einen Menschen normalerweise nicht zu Fall. Da Welpen sehr anstrengend sind, ist es empfehlenswert, sich einen erwachsenen Hund zuzulegen, zum Beispiel aus dem Tierheim; denn ältere Hunde, die selbst nicht mehr so aktiv sind, eignen sich gerade gut für weniger sportlich aktive Menschen. Darüber hinaus gibt es auch Hunde, die als Welpe nicht an Kinder und Wirbel gewöhnt wurden. Sie brauchen aus diesem Grunde einen ruhigen Haushalt mit geregeltem Tagesablauf, um sich wohlzufühlen.

Büro: Gassigehen und Denksport-Pause müssen auch sein!

Hunde, die man ins Büro mitnehmen kann

Einen gut sozialisierten Hund, der keine Probleme mit fremden Menschen hat, kann man grundsätzlich mit ins Büro nehmen, wenn Arbeitgeber und Kollegen dies einhellig gut finden. Wichtig ist es, dass der Hund einen ruhigen Rückzugsplatz hat und dass man nicht nur regelmäßig mit ihm Gassi geht, sondern sich auch zwischendurch mit ihm beschäftigt, z.B. Kunststücke beibringt, Trockenfutter im Bücherregal versteckt, Dinge apportieren oder vom Boden aufheben lässt usw. Am besten gewöhnt man schon den Welpen an feste Ruhezeiten, in diesem Alter brauchen Hunde sowieso sehr viel Schlaf. Und man muss dem Hund beibringen, wie er sich verhalten soll: Ob er mit zum Kopierer gehen darf, ob er jeden, der ins Zimmer kommt, begrüßen kann oder dies nur auf Kommando tun darf und vieles mehr. Sehr dickfellige Hunde (z.B. Neufundländer) vertragen geheizte Räume nicht so gut. Insgesamt kommen phlegmatische Hunde mit dieser Situation leichter zurecht als sehr quirlige. Aber auch mit ihnen kann man Ruhezeiten trainieren, wenn sie ansonsten genügend Bewegung und Auslastung haben. Das Bürotraining braucht Zeit, man sollte die Ruhezeiten ganz allmählich steigern. Insgesamt ist es für viele Hunde sehr viel schöner, mit ins Büro zu gehen, als stundenlang allein zu Hause zu bleiben (siehe S. 57 f.).

Gebrauchshunde, die eine ihren Anlagen gemäße Aufgabe brauchen

Natürlich können Hunde aus Arbeitslinien – z.B. Jagdhunde, Hütehunde, Schlittenhunde – sehr geduldige Familienhunde sein, aber nur in Nebenfunktion. In erster Linie brauchen diese Hunde eine ihnen gemäße Aufgabe und einen hundeerfahrenen Führer.

Familienhund: Die Linie macht's

Es kommt nicht nur auf die Rasse an, sondern auch auf die Zuchtlinie. So gibt es z.B. bei dem als besonders kinderlieb und leicht erziehbar geltenden Labrador Retriever Arbeitslinien, die sich durch Temperament, Jagdinteresse und sehr hohes Arbeitsbedürfnis auszeichnen. Sie eignen sich nicht als Anfängerhund. Man sollte immer darauf achten, dass man einen Züchter findet, der **Familienhunde** züchtet: mit nicht zu viel Power, mit ausgeglichenem Wesen (nicht ängstlich) und ohne die Tendenz, Haus und Mensch zu bewachen. Auf jeden Fall sollten Sie sich bei der Welpenwahl die Wurfumgebung und die Mutterhündin genau ansehen, weil die Welpen Eigenschaften erben und zudem das Verhalten der

Mutter nachahmen. Wenn möglich, sollten Sie versuchen, auch weitere Familienangehörige kennenzulernen. So können Sie möglichst viele Informationen sammeln, auch wenn dies natürlich keine exakte Prognose über das Wesen des einzelnen Welpen zulässt. Fazit: Wie freundlich oder eher unfreundlich ein Hund in einer bestimmten Situation reagieren wird, kommt nicht nur auf die Rasse, sondern vielmehr auf den Hundetyp und auf den individuellen Hund an – und auf die Erfahrungen, die ein Hund im Laufe seines bisherigen Lebens gemacht hat.

Gebrauchshunderassen kommen immer mehr in Mode, allerdings sollte man sich bewusst machen, dass sie und ihre Mischlinge sich nicht automatisch zum Kuschel-Familienhund eignen.

Lebenslang ein freundlicher Hund?

Mit etwa zwei Jahren sind Hunde wirklich erwachsen, jetzt zeigt sich, ob Rüden sich mit anderen Rüden vertragen. Wer einen Spätentwickler (z.B. Retriever-Rassen, Molosser) zu Hause hat, kann eine Überraschung erleben, wenn der gutmütigste Hund der Welt mit 2,5 bis 3 Jahren endlich erwachsen wird und plötzlich seine Rauflust entdeckt. Ab 8 Jahren und mehr altern Hunde, große Rassen schneller als kleine. Damit kann sich die Neigung zu aggressivem Verhalten verstärken. Dies liegt daran, dass alte Hunde – ganz genauso wie manche ältere Menschen – zunehmend intoleranter und „unflexibler“ werden. Sie sind weniger aktiv und ziehen sich häufiger zurück. Respektiert man dieses Sichzurückziehen nicht, kann dies Aggressivität auslösen, z.B. wenn der Hund ruht und ein Kind oder eine fremde Person ihn streicheln will. Positive wie negative Eigenheiten eines Individuums können sich im Alter verstärken. So lässt vielleicht ein Hund, der in jungen Jahren ein guter Wachhund war, im Alter jeden oder überhaupt niemanden mehr auf das Grundstück.

Die Neigung zu aggressivem Verhalten kann aber auch die Folge von Erkrankungen und Schmerzen (z.B. Arthrose) sein. Auch wenn Hunde nur noch schlecht hören oder sehen können, kann dies zu Verhaltensänderungen führen: Ein Hund, der erschrickt, reagiert unter Umständen aggressiver als ein Hund, der den anderen kommen hört oder sieht. Wann immer man merkt, dass sich das Verhalten des eigenen Hundes ändert, sollte man sich an den Tierarzt wenden. Er kann abklären, ob ein körperliches Problem dahintersteckt oder ob es sich vordergründig um ein Verhaltensproblem handelt. In letzterem Fall sollten Sie

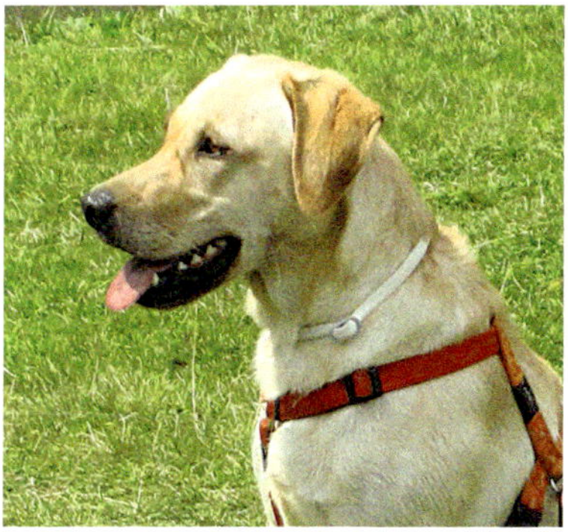

Die Arbeitslinie ist leichter gebaut als Show-Labbis und braucht neben der Familie einen Job!

den Hund zu Hause wie im Freien möglichst im Auge behalten und die Situationen, die schwierig geworden sind, jetzt vorausschauend regeln, indem Sie die Situation grundsätzlich vermeiden oder den Hund kontrollieren. Unterstützung finden Sie hierfür z.B. bei einem Verhaltenstherapeuten, dort können Sie mit dem Hund spezielle Strategien lernen, wie Sie mit Problemsituationen umgehen können.

Mit dem Älterwerden können sich positive wie negative Verhaltensweisen des Hundes verstärken. Alte Hunde können intoleranter und somit aggressiver reagieren. Wichtig ist es, den „Rückzug“ des alten Hundes zu respektieren und möglichen Konfliktsituationen aus dem Weg zu gehen.

Geschlecht und Kastration beeinflussen das Verhalten

Hündinnen lassen sich meist leichter führen als Rüden, die eher zu Raufereien und aggressivem Verhalten neigen können. Doch das Verhalten eines Hundes wird natürlich nicht nur durch Sexualhormone, sondern durch viele Faktoren beeinflusst, u. a. durch Temperament, Stresstyp und vor allem Lernerfahrungen.

Besprechen Sie frühzeitig mit Ihrem Haustierarzt den Punkt Geburtenkontrolle, ob bei Ihrem Hund eine Kastration – oder beim Rüden auch das Setzen eines Hormonchips – medizinisch angeraten ist und welche Vor- und Nachteile damit verbunden sein können. Je früher eine Kastration erfolgt, desto gravierender kann sie das Verhalten beeinflussen. Zeigt ein Hund Verhaltensauffälligkeiten, sollte man sich an einen Verhaltenstierarzt wenden, bevor man seinen Hund kastrieren lässt, denn Erlerntes lässt sich nicht durch eine Operation korrigieren und es sind fast nie die Sexualhormone allein, die ein Problem verursachen.

Rüdenbesitzer müssen in der Regel ein bisschen vorsichtiger sein als Besitzer von Hündinnen. Ein frühzeitiges Erziehungsprogramm oder Verhaltenstraining beugt ernsten Problemen vor.

SPIELEN, ABER RICHTIG!

Spielen macht Spaß ...

... das ist auch wichtig, denn Spielen zwischen Hunden ist Training für den Ernstfall. Je mehr ein Hund – sinnvoll – spielt, desto mehr lernt er fürs Leben. Das bedeutet, im Spiel mit dem Menschen sollte er für das Leben in der Familie vorbereitet werden. Mit dem Menschen spielen Hunde völlig anders als mit Ihresgleichen. Der Zweit- oder Nachbarshund entbindet uns Menschen nicht von unserer angenehmen Spielpflicht, umgekehrt ist der Mensch auch kein Ersatz für Hundefreundschaften. Im Spiel können Welpen Bewegungen und Verhaltensweisen „ohne Ernstbezug" lernen und üben. Daher sollte man die Spielpartner für seinen Welpen und Junghund möglichst aussuchen. Wenn der Nachbarshund sehr wild und grob mit anderen Hunden verfährt, wird er genau dies dem eigenen Hund beibringen. Vorzuziehen ist ein ruhiger, gut sozialisierter Lehrmeister, der zulässt, dass beide die Rollen tauschen sowie dies auch Welpen untereinander tun. Dabei zeigen sie häufig das typische Spielgesicht (siehe S. 85 f.), mit dem auch erwachsene Hunde signalisieren, was ich jetzt mache, ist nicht ernst gemeint. Denn auch erwachsene Tiere spielen und setzen dies auch gezielt als Entspannungsstrategie in Stresssituationen ein.

Die Übergänge vom Spiel zum Ernstmeinen sind fließend. Schon Welpen, aber ganz besonders halbwüchsige Hunde (Pubertät) testen ihre Grenzen aus. Sehr große bzw. distanzlose Hunde finden nicht immer einen vierbeinigen Spielpartner, der sie in die nötigen Schranken verweist. Aus dem „Der tut nix, der spielt nur!" kann jederzeit ein „Jetzt tut er doch etwas" werden. Deshalb sollte man als Besitzer regelmäßig üben, seinen Hund aus unterschiedlichen Spielsituationen zurückzurufen, damit man ein zu wildes Spiel jederzeit beenden kann.

Das Spiel zwischen Hund und Mensch folgt eigenen Regeln

1. Objektspiele – Körperteile sind tabu

Im Spiel mit dem Menschen sollte der Hund lernen, dass Menschenhaut überaus empfindlich ist und alle menschlichen Körperteile mit äußerster Vorsicht zu behandeln sind. Achten Sie schon beim Welpen darauf, dass

Dieser Spaß ist nicht ohne: Spiele mit Stöckchen und Ästen können für den Apportierer und die Mitspieler gefährlich werden.

Gelangweilt sitzt der Hund vor seinem Spielzeugberg, nichts kann ihn mehr motivieren.

der Hund nur Spielzeug – wie Kordel, Ball – fest ins Maul nehmen darf, **nie** aber die Hände oder andere Körperteile des Menschen. Da es im Spiel meist sehr schnell und beherzt zugeht, besteht die Gefahr, dass der Hund zubeißt. Und Hunde lernen am Erfolg – nur wenn man schon dem Welpen von Anfang an für uns schmerzhafte Grobheiten verbietet, kann er die Beißhemmung lernen, also vorsichtig zu sein.

Das heißt aber nicht, dass inniger Körperkontakt und Zärtlichkeiten grundsätzlich tabu sind, im Gegenteil, beides ist auch für den Hund sehr wichtig: Viele Hunde lernen es automatisch, beim Schmusen sehr behutsam mit dem Menschen umzugehen, und nehmen z.B. seine Hände nur ganz zart ins Maul. Wenn der Hund jedoch manchmal oder bestimmten Menschen gegenüber – zum Beispiel im Kontakt mit Kindern – dazu neigt zu grob zu werden, sollte man mit Hände knabbern und Ähnlichem lieber vorsichtig sein. Wie lernt der Hund das? Wenn ein Welpe Sie anknabbern will, quietschen Sie laut auf, das tun auch Welpen untereinander, um das schmerzhafte Spiel sofort zu beenden – dann lässt er automatisch los. Bei älteren Hunden sollten Sie energisch ein antrainiertes Korrekturwort wie z. B. FALSCH sagen. Auf jeden Fall beenden Sie das Spiel sofort. So lernt der Hund von klein auf, wenn er mit Menschen spielen will, muss er behutsam sein.

2. Spielen mit Regeln

Spiel ist ein wichtiges Bindeglied zwischen Mensch und Hund; ideal, um in völlig entspannter Atmosphäre dem Hund nebenbei auch Grenzen und Regeln beizubringen: Wenn er außer Band gerät, z.B. Spaziergänger erschreckt, umrennt, bellt, dem Besitzer nicht mehr folgt oder weh tut, ist das Spiel beendet. Erfahrene Hundefreunde merken rechtzeitig, wenn es Zeit wird, ruhiger zu spielen. Ob und wie lange Sie mit einem Hund spielen, entscheiden Sie nach Zeit und Lust. Ist ein Hund in bestimmten Situationen unkonzentriert, aufdringlich oder auch ängstlich, kann man ihn durch Rituale unterstützen, wie z.B.: „Erst musst Du SITZ machen, dann wird gespielt."

3. Richtiger Umgang mit der Beute Spielzeug

Damit Sie als Mensch die Situation immer im Griff behalten, sollten Sie ganz bewusst der Hüter des Spielzeugs sein. Für Hunde ist Spielzeug sozusagen Übungsbeute. Kein wild lebender Hund würde seine Beute wahllos in seinem Territorium herumliegen lassen, entweder er frisst sie gleich oder er verbuddelt sie an einem geheimen

Ort, auch unsere Familienhunde verstecken oft ihr Spielzeug. Damit das Hundespielzeug interessant und Motivation bleibt, sollte man es an einem hundesicheren Ort aufbewahren. Als Belohnung oder als Beschäftigung können Sie dann ein oder zwei Spielsachen für Ihren Hund hervorholen – auch Hunde fordern einen anderen Hund oder den Menschen per Spielzeug zum Mitspielen auf, indem sie einem anderen ihr Spielzeug vor die Nase legen oder so langsam gehen, dass der andere es leicht nehmen kann. Nach einer gewissen Zeit erbeuten Sie das Spielzeug dann mit AUS zurück und räumen es wieder auf.

4. Sie entscheiden, wer gewinnt

Gerade bei Zerrspielen sollten Sie daran denken, dass das Kräftegleichgewicht stimmt. Achten Sie darauf, dass Sie in der Regel öfter gewinnen als der Hund und die Beute davon tragen. Je selbstbewusster der Hund, desto weniger Erfolg sollte er haben, während man schüchternen Hunden die Beute ruhig öfter überlassen kann. Was für uns Spiel ist, „das alte Ding kann er gerne haben", kann von manchem Hund recht ernst gemeint sein: Um die Beute wird dann mit aller Kraft gekämpft. Ein AUS, ohne die Stimme zu erheben, sollte genügen, das Spielzeug zu bekommen. Reagiert Ihr Hund nicht auf dieses Kommando, ist das Spiel außer Kontrolle geraten. Deshalb, nur mit einem gut erzogenen Hund, der seine Grenzen kennt und einhält, kann man wilde Zerrspiele veranstalten. Ganz besonders gilt dies für einige Rassen wie die Bau- und Erdhunde, also Dackel sowie die Terrier (z.B. Jagdterrier, Parson oder Jack Russell, West Highland White oder Fox Terrier) sie werden in den Jagdlinien darauf gezüchtet, in den Fuchs- oder Dachsbau einzudringen und den Bewohner aus seinem eigenen Revier zu vertreiben, selbst der kleine Yorkshire Terrier ging auf Rattenjagd. Auch die Vertreter der Familienlinien sind meist besonders vehement und fordernd bei Beutespielen und brauchen klar gesetzte Grenzen.

Spiel ist nicht „nur Spiel", sondern auch Training für den Ernstfall. Deshalb sollten Sie gerade hierbei darauf achten, dass Sie die Oberhand behalten.

Der Mensch ist Herr über das Spielzeug und teilt es dem Hund zu.

Warum fressen Hunde so gerne die neuen Schuhe?

Denken Sie daran, Spielzeug, das ein anderer hat, ist fast immer interessanter als das eigene. Wenn Sie Ihrem Welpen einen alten Schuh geben, der Sie natürlich überhaupt nicht mehr interessiert – „Der ist sowieso kaputt, den kannst Du haben!“ –, wird er sich bald den neuen Pumps widmen, die Sie nach jedem Tragen liebevoll eincremen, Hunde selbst lassen nur Beute offen liegen, die sie nicht mehr interessiert.

Um kostenintensive Missverständnisse auszuschließen, sollte man besser Hundespielzeug verwenden als abgetragene Kleidungsstücke oder ausrangierte Gebrauchsgegenstände.

Kinderspielzeug sollte für Hunde als Tabu erlernt werden, da es zum normalen Hundeverhalten gehört zu versuchen, attraktive Ressourcen (siehe Kasten) zu erbeuten (siehe S. 60 ff.).

Geben Sie Ihrem Hund ausschließlich Hundespielzeug, keine ausrangierten Schuhe, Handtücher etc. So vermeiden Sie unliebsame Missverständnisse.

Ausgediente Schuhe sind kein Spielzeug! Sonst bearbeitet der Hund bald auch die neuen.

Ressourcen: Darunter fällt alles, was für einen Hund Bedeutung haben kann, wertvoll und erstrebenswert ist: z.B. Aufmerksamkeit, Futter, Spielzeug, bequeme Ruheplätze, ein Geschlechtspartner oder körperliche Unversehrtheit, folglich strebt ein Hund danach, möglichst viele Ressourcen zu kontrollieren, um ein sicheres, bequemes Leben zu führen. Ein ranghohes Tier hat theoretisch bessere Chancen auf diese Privilegien, doch unabhängig vom Status kann jedes Tier durchaus eine Ressource begehren oder verteidigen, sie muss – für dieses Individuum – allerdings so wichtig sein, dass es notfalls auch eine Auseinandersetzung riskieren würde.

Geknurrt wird nicht!

Spielknurren, das nicht ernst gemeint ist, können Hunde akustisch vom Drohknurren unterscheiden. Als Mensch muss man schon genau hinsehen, erst Mimik und Körpersprache verraten uns, wie das Knurren gemeint ist. Wenn wir kein Risiko eingehen wollen, da es für Beobachtungen meist viel zu schnell geht, beenden wir das Spiel sicherheitshalber immer, wenn der Hund knurrt.

Welpen müssen erst lernen, sich im Kontakt mit Hunden und dem Menschen richtig zu benehmen, und dies erfolgt über die Reaktion des Gegenübers. Dieses signalisiert dem Welpen, ob das gewählte Verhalten angemessen ist oder nicht. Gerade dem Welpen kann man daher beibringen, dass er im Umgang mit Menschen nicht einfach ernsthaft knurren soll. Natürlich kann es im späteren Hundeleben Situationen geben, in denen der Hund – z.B. aus Angst oder Schmerz – drohen wird, aber gegenüber der eigenen Familie sowie wohlmeinenden Menschen sollte ein Welpe höchstmögliche Toleranz lernen.

Wenn ein Welpe bereits gezielt nach Ihnen schnappt, wenn Sie ihn anleinen oder anfassen wollen, suchen Sie bitte eine Beratung für Welpenbesitzer auf. Als Mensch haben wir weder das nötige dicke Fell noch das passende Gebiss, um uns auf Hundeart mit Zurückschnappen durchzusetzen. Daher sollten Sie es gar nicht auf ein Kräftemessen ankommen lassen, sondern den Anfängen wehren, und genau das ist nicht immer leicht: Falls Ihr Welpe Sie anknurrt, wenn Sie ihn hochheben oder bürsten wollen, dann sollten Sie zuerst klären, ob Sie Fehler gemacht haben, ob dies für den Welpen unangenehm oder sogar schmerzhaft ist oder ob er es einfach nicht mag, weil er Angst hat und sich bedrängt fühlt.

Knurrt der Welpe, wenn Sie ihm etwas wegnehmen wollen, sollten Sie ihm gleich **beim ersten Mal** Ihr Missfallen über das Knurren zeigen. Wie Sie das machen, hängt von dem Welpen und der aktuellen Situation ab: Am einfachsten ist die verbale Korrektur, z.B. in Form eines energischen NEIN, oder das Abbrechen des Spiels bzw. der Interaktion. Anschließend sollten Sie die betreffende Situation neu üben, insbesondere das Kommando AUS, um dem Welpen das angemessene Verhalten beizubringen, aber auch das Vertrauen geben, dass der Mensch sich nicht grob und ungeschickt verhält.

Erfolgreich sind Sie dabei, wenn der Welpe Sie und die Lektion als positiv erlebt, z.B. das Hergeben von Spielzeug: Der Welpe lernt das Kommando AUS dadurch, dass man mit ihm tauscht: Er gibt den Ball her und bekommt dafür den Plüschknochen oder ein Leckerli. Sinnvoll ist es, das Lieblingsspielzeug als Austauschobjekt in Reserve zu halten, damit die Übung sicher klappt. Das Gleiche gilt für aus Hundesicht „aufdringliche“ Maßnahmen wie die Körperpflege. Üben Sie das Bürsten mit einer weichen Babybürste und der Unterstützung von Leckerlis behutsam, sodass der Welpe weder erschrickt, Schmerzen hat oder sich bedrängt fühlt, sondern die Prozedur genießt (siehe Medical Training S. 34). Lässt sich das Problem so nicht lösen, sollten Sie sich fachkundigen Rat einholen. Denn es ist viel leichter einem Welpen Manieren beizubringen als einem 70 kg schweren Bernhardiner.

Bei einigen besonders selbstbewussten Rassen, wie z.B. Terriern, sollte man besonders vorsichtig sein, damit aus dem Spiel kein Ernst wird.

Auch aus dem Spielknurren kann bissiger Ernst werden. Daher sollte man darauf achten, dass Hunde Menschen möglichst überhaupt nicht anknurren, ansonsten brechen Sie das Spiel besser ab.

20 Kilometer neben dem Fahrrad?

Natürlich brauchen Hunde Bewegung, aber kein monotones Asphalttraben neben dem Fahrrad – angeleint an der Fahrradspirale. Erlaubt es das Gelände, dass der Hund ohne Leine auf weichem Untergrund neben dem Fahrrad laufen kann, und fahren Sie so langsam, dass der Hund auch schnüffeln, das Bein heben und andere Hunde begrüßen kann, dann ist das Fahrradfahren durchaus eine sinnvolle Beschäftigung. Allerdings kann man nur Hunde von der Leine lassen, die gut gehorchen. Sehr aktive Hunde wie Jagd-, Hüte- oder Schlittenhunde und deren Mischlinge brauchen nicht nur körperliche Anstrengung, sie müssen auch Kopfarbeit leisten, um ausgeglichen zu bleiben. Wenn Sie noch nicht so viel Hundeerfahrung haben, können Sie sich in einer guten Hundeschule sowie in Büchern Anregungen hierzu holen. Wenn Sie Zeit haben, können Sie mit Ihrem Hund auch arbeiten, z.B. in einer Rettungshundestaffel, im Besuchsdienst für Altenheime oder im Hundesport. Und Sie können Ihrem Hund im Alltag passende Aufgaben geben wie Schlüsselsuchen, Hundespielzeug-in-die-Kiste-räumen, Zeitungholen, Regenschirmtragen und vieles mehr.

Aktive Hunde brauchen nicht nur körperliche Bewegung, sondern auch etwas fürs Köpfchen, wie z.B. verstecktes Spielzeug suchen.

Stöckchenwerfen kann ungeahnte Folgen haben

Wenn Sie mit einem Hund spielen wollen, was fällt Ihnen als Erstes ein? Richtig, Stöckchen- oder Ballwerfen. Doch beides sind reine Jagdspiele, die das unkontrollierte Jagen und Hetzen trainieren. Es ist daher nicht sinnvoll, 50-mal einen Tennisball zu werfen und den Hund hinterherhetzen zu lassen. Vielmehr sollte man konsequent, besonders bei Hunden mit ausgeprägter Jagdeigenschaft – und das sind längst nicht nur die Jagdhundrassen – in Spiele mit Ball und Stöckchen Gehorsamsübungen z.B. SITZ, BLEIB und LAUF einbauen.

Viel besser ist es, den Ball zwischendurch zu verstecken und den Hund danach suchen zu lassen. So werden nicht nur seine Muskeln trainiert – mit der Zeit bräuchte er dann 100-mal Ballwerfen, bis er genug hat – sondern es wird auch der Kopf angestrengt, denn Nasenarbeit macht müde.

Jagdverhalten wird im Spiel geübt (schon Welpen beginnen mit einzelnen Sequenzen daraus) und wird später zu einem sinnvollen Ablauf aus Wittern, Aufspüren bzw. Auflauern, Hetzen, Stellen, Beutepacken und Beutetotschütteln zusammengesetzt. Deshalb müssen Hunde von klein auf lernen, dass sie weder andere Tiere (Katzen, Vögel, Wild, Pferde, Hunde) noch Menschen hetzen, packen oder schütteln dürfen.

Jagen ist selbst belohnendes Verhalten, das heißt, allein das Hetzen – unabhängig davon, ob der Hund die Beute erwischt oder nicht – bestärkt und motiviert ihn hochgradig, dieses Verhalten immer und immer wieder auszuüben. Deshalb, wenn ein Hund bereits die Erfahrung gemacht hat zu jagen und zu streunen, kann man ihm dies meist nur unter extrem hohem Zeitaufwand abgewöhnen bzw. das Jagen unter Kontrolle bringen. Daher sollte man besonders zwischen dem sechsten und zwölften Lebensmonat einen fährteninteressierten Hund in Gebieten mit Wild vorsorglich lieber an Brustgeschirr und langer Leine lassen, in diesem Alter sind die Hunde motorisch schnell genug und zeigen dann meist schon, ob sie Interesse an der Jagd haben. Doch auch noch später kann Jagdverhalten erstmals auftreten.

Auf keinen Fall sollte man zwei Jagdfreunde in Wald und Feld unbeaufsichtigt „spielen" lassen. Auch wenn die Hunde keinen Jagderfolg haben, weil Katze, Eichhörnchen oder Kaninchen sich auf den Baum oder in den Bau retten konnten, ist dies trotzdem Jagdverhalten, das man als Besitzer unterbinden muss. Die Beutetiere werden erschreckt. Außerdem gefährdet der Hund sich und andere. Hunde, die die Neigung zeigen zu jagen, müssen besonders gut gehorchen und beschäftigt werden, nur dann kann man mit dem Jagdproblem verantwortungsvoll umgehen. Entweder man behält den Hund im Auge und lässt ihn nicht weiter als wenige Meter vorausgehen oder man benützt die lange Leine.

Jagen und Hetzen sind kein Spiel, unabhängig davon, ob der Hund Erfolg hat oder nicht. Daher sollte man in Hetzspiele wie Ball- oder Stöckchenwerfen immer „Bremsen" wie SITZ oder PLATZ einbauen.

Ballspiel: Erst sollte man Gehorsam fordern, bevor der Hund dem Ball nachsetzen darf.

LERNEN UND ERZIEHUNG

Denken und Lernen

Menschen verständigen sich miteinander hauptsächlich über gesprochene Worte. Unter Hunden findet die Verständigung dagegen vor allem über **Körpersprache** und **Gesten** statt. Wir Menschen können uns kaum vorstellen, wie man denkt und lernt, wenn man keine Sprache hat. Der Mensch ist so daran gewöhnt, auch kompliziertere Zusammenhänge zu durchschauen und zu erklären, dass im Umgang mit dem Hund häufig vergessen wird, dass es sich nicht um einen sprechenden Artgenossen handelt, sondern um ein Tier. „Ich habe dir bereits dreimal gesagt, dass du dich hinsetzen sollst!", oder „Mach nicht noch mal auf den Teppich!" Das sind Sätze, die Vierbeiner häufig zu hören bekommen, ohne dass sie davon mehr verstehen, als dass ihr Besitzer wütend ist. Will man einem Hund etwas beibringen, muss man wissen, wie er denkt und lernt. Hunde können – in menschliche Worte gefasst – etwa folgendermaßen lernen: „Wenn ich das eine mache, passiert das andere. Wenn ich den Braten auf dem Küchentisch fresse, wenn Herrchen daneben steht, gibt's Ärger. Wenn ich alleine bin und es tue, schmeckt es gut." Dabei hat der Hund keine Moralvorstellung. Er weiß nicht, was gut oder schlecht ist. Aber er weiß, was ihm gut tut oder nicht. Der Hund weiß nicht, dass es „böse" von ihm ist, den Braten zu stibitzen. Er weiß nur, wie unangenehm es ist, wenn es jemand sieht.
Bei der Hundeerziehung muss man beachten, dass Hunde nur direkte Folgen lernen können. Passiert ein Ereignis zeitgleich mit einem anderen oder sofort danach, kann der Zusammenhang gelernt werden. Ein Beispiel aus unserem Leben soll dies verdeutlichen: Berührt man eine heiße Herdplatte, gibt es sofort einen Schmerz. Diesen Zusammenhang lernt man, ohne dass eine zusätzliche Erklärung nötig wäre. Es tut uns nicht gut, dort hinzufassen. Würde man erst eine Viertelstunde später Schmerzen fühlen, wüsste man

Ein Hund weiß nicht, was „gut" oder „böse" ist, aber er weiß, was ihm gut tut.

nicht mehr, woher diese kommen. Schließlich hat man zwischenzeitlich eine Menge anderer Dinge getan und angefasst. Dem Hund, der den Teppich als Toilette benutzt hat, geht es da nicht anders. Wenn er einige Zeit später von seinem Besitzer für diese Tat bestraft wird, versteht der Hund nicht, was das Ganze soll. Er lernt höchstens, dass Menschen manchmal unberechenbare Wutausbrüche haben und dass man sich lieber von ihnen fernhalten soll. Wölfe bzw. Hunde untereinander kämen nie auf die Idee, sich gegenseitig im Nachhinein zu strafen. Entweder wird sofort auf eine Provokation reagiert oder gar nicht.

Mit menschlichen Gesprächen und wortreichen Erklärungen können Hunde nichts anfangen. Hunde wissen nicht, was gut oder schlecht ist, aber sie können lernen, was ihnen gut tut oder nicht. Voraussetzung für jedes Lernen ist jedoch, dass die Reaktion auf ihr Verhalten sofort erfolgt.

Auf das richtige „Timing“ kommt es an

Untersuchungen haben gezeigt, dass Hunde am besten lernen, wenn die Reaktion auf ihre Handlung sofort, d. h. innerhalb von einer Sekunde erfolgt. Geben Sie Ihrem Hund daher das Lob oder Leckerchen sofort, wenn er das Richtige macht. Es ist sinnlos, wenn Sie Ihrem Hund die Belohnung erst später geben, z.B. weil Sie erst noch umständlich in Ihren Taschen den Leckerbissen suchen müssen. Bis dahin ist der Hund eventuell nach dem korrekt ausgeführten SITZ schon wieder aufgestanden und Sie belohnen ungewollt das Aufstehen. Man kann auch mit Klicker oder Markerwort (bestimmtes Wort statt des Klicks) punktgenau das richtige Verhalten bestärken. So gewinnt man etwas Zeit, um das Leckerli zu geben.

Achten Sie auf den richtigen Belohnungszeitpunkt. Am besten ist es, wenn die Belohnung erfolgt, während der Hund die gewünschte Handlung ausführt. Reagieren Sie also möglichst sofort, d. h. innerhalb von einer Sekunde.

Unabsichtliche Belohnung

Hunde lernen nicht nur das, was wir ihnen beibringen wollen. Sie lernen immerzu und ständig und das ganze Leben lang! So lernen Hunde auch einigen Unsinn sowie Dinge, die wir gar nicht schön finden. Die menschliche Aufmerksamkeit wirkt sehr häufig als unabsichtliche Belohnung: Bellt ein Hund Besucher an, wird er von seinen Besitzern meist „beruhigt“, indem sie ihn streicheln und auf ihn einreden. Der Hund lernt daraus, dass er Aufmerksamkeit und Zuwendung erhält, wenn er bellt. Daher wird er dieses Verhalten in Zukunft weiterhin zeigen. Die Besitzer wundern sich dagegen, warum ihr Hund nicht endlich begreift, dass der Besuch kein Grund zur Sorge ist. Wie Sie reagieren sollten, wenn Ihr Hund durch Bellen Besucher oder Passanten bedroht, lesen Sie im Kapitel „Richtig reagieren“ (S. 104 ff.) und im Kapitel „Hund und Familie“ (S. 54 ff.).

Achten Sie darauf, wie und wann Sie auf Ihren Hund eingehen, damit Sie nicht ungewollt ein unerwünschtes Verhalten mit Ihrer Aufmerksamkeit belohnen.

Orte und Situationen

Geht es Ihnen auch so, dass Ihr Hund manchmal überhaupt nicht gehorcht, obwohl er das Kommando eigentlich schon kann? Da fragt man sich doch: „Warum ist er jetzt so ungehorsam? Eigentlich kann er doch SITZ. Zu Hause üben wir das immer." Und genau dies ist der springende Punkt, an dem wir alle Fehler machen: Wir bringen dem Hund bei, zu Hause oder auf dem Hundeübungsplatz SITZ, PLATZ, BLEIB und vieles mehr zu können. Aber wir versäumen es meistens auch an über hundert verschiedenen Orten zu üben, sodass dem Hund das Kommando wirklich in „Fleisch und Blut" übergeht. Vielleicht ist der Hund also gar nicht ungehorsam, sondern er versteht das Kommando in dem neuen Zusammenhang, am neuen Ort einfach nicht. Erst nach Tausenden von Wiederholungen kann ein Hund ein Kommando wirklich. So viel Zeit haben Sie nicht? Doch, es geht ganz einfach. In dem Kapitel „Sinnvolle Alltagsregeln " (S. 43 ff.) können Sie nachlesen, wie Sie dieses Übungspensum ganz nebenbei in Ihren Alltag einflechten können, indem Sie Ihren Hund z.B. vor allen Annehmlichkeiten erst einmal SITZ machen lassen.

Das Kommando SITZ muss an vielen Orten geübt werden, bis es wirklich „sitzt".

Kommandos auflösen

Es genügt nicht, dem Hund ein Kommando zu geben wie z.B. SITZ oder GEH AUF DEINEN PLATZ, man muss es auch nach einer gewissen Zeit wieder auflösen, zum Beispiel mit LAUF oder OKAY. Sonst ist der Hund gezwungen, dies selbst zu entscheiden.

Kommandos genauso wie Wohlverhalten kann ein Hund nur dann lernen, wenn wir ihm dies an vielen unterschiedlichen Orten und in verschiedenen Situationen zeigen und tausende Male wiederholen! Nicht vergessen, Kommandos muss man auch wieder beenden.

Zuckerbrot oder Peitsche?

Wer lernt schon gerne, wenn ständig Strafe droht? Viel schöner ist es doch, wenn man Erfolgserlebnisse hat!
Dem Hund geht es da nicht anders als uns auch. Mit **Spaß** lässt es sich besser lernen als unter Angst. Man hat festgestellt, dass man mit Belohnung die besten Erfolge hat. Unter Belohnung ist nicht nur der Leckerbissen zu verstehen, sondern auch alles andere, was

der Hund schön findet, z.B. Lob, Streicheln oder die Erlaubnis, das Lieblingsspielzeug zu bekommen. Die wichtigsten Hilfsmittel der Hundeerziehung sind das Belohnen und das Ausbleiben der Belohnung. Häufig reicht nämlich schon ein konsequentes Ignorieren aus, um dem Hund etwas abzugewöhnen. Der Hund lernt, welches Verhalten sich für ihn lohnt und welches „reine Energieverschwendung" ist. Es gibt nur sehr wenige Fälle, in denen tatsächlich eine gewisse Bestrafung in Form einer schmerzfreien Unterbrechung notwendig wird. Dies ist bei Verhaltensweisen der Fall, die sich selbst belohnen, z.B. wenn der Hund aus dem Mülleimer frisst oder im Wald davonläuft, um zu jagen. Ignorieren würde hier wenig helfen. Am besten ist in diesen Fällen das vorausschauende Unterbinden des Verhaltens.

Das Bestrafen durch Zufügen von Schmerzen oder Leiden (dazu zählt z.B. starke Angst) ist laut Tierschutzgesetz nicht erlaubt, wenn es gewaltfreie Alternativen gibt. Mittlerweile ist übrigens der Einsatz schmerzhafter Mittel wie das Stachelhalsband ausdrücklich laut Tierschutz-Hundeverordnung verboten.

Bitte beachten Sie: Es reicht nicht aus, einem Hund immer nur zu zeigen, was er nicht darf. Wenn Ihr Hund ständig PFUI, NEIN und AUS zu hören bekommt, weiß er gar nicht, was er eigentlich tun soll. Er braucht eine Alternative. Zeigen Sie Ihrem Hund, welches Verhalten Sie von ihm wünschen, und belohnen Sie ihn, wenn er es richtig macht. Lassen Sie Ihren Hund zum Beispiel in Situationen, in

Streicheln, Lob, Aufmerksamkeit, Spiel oder Futter können geeignete Belohnungsarten sein.

denen er ruhig sein soll, SITZ oder PLATZ machen und loben Sie ihn, wenn er gehorsam reagiert und sich ruhig verhält. In guten Hundeschulen erhalten Sie Anleitung zur erfolgreichen und gewaltfreien Hundeerziehung. Zeigt Ihr Hund Verhaltensprobleme, wenden Sie sich bitte an einen Spezialisten (siehe S. 97).

Der Schlüssel zur erfolgreichen Hundeerziehung ist das Prinzip: Belohnung von erwünschtem Verhalten und Ausbleiben der Belohnung (z.B. Ignorieren) bei unerwünschtem Verhalten. Zeigen Sie Ihrem Hund, was Sie von ihm wünschen, statt ihn ständig zu maßregeln. Nur in sehr seltenen Fällen ist eine „Bestrafung" in Form einer schmerzfreien Unterbrechung tatsächlich notwendig. Die tiergerechte Hundeerziehung kommt ohne Härte und Gewalt aus.

Ob jung oder alt: Alle Hunde sind lernfähig.

Strafe kann Angst erzeugen

Strafe ist für den Hund nicht nur kurz unangenehm, sie kann auch bleibende Angst erzeugen. Und Angst macht Lernen unmöglich. In vielen Hundebüchern finden Sie leider immer noch das „Nackenschütteln" als Erziehungshilfe. Angeblich soll so die Wölfin ihre Welpen zurechtweisen. Das stimmt jedoch gar nicht. Dieses Verhalten zeigen Wölfe nur beim Totschütteln ihrer Beutetiere (und beim Beutespiel), wenden Sie es daher bitte **nicht** als Strafe an!

Strafe kann Angst erzeugen und Angst verhindert Lernen. Ohne Strafe kommt man bei seinem Hund besser ans Ziel.

Hänschen oder Hans?

Jeder kennt den Spruch: „Was Hänschen nicht lernt, lernt Hans nimmer mehr." Stimmt das für den Hund? Die Antwort lautet Ja und Nein! Nein, denn jeder Hund lernt bis ins hohe Alter, eigentlich bis zu seinem Tod. Erziehung ist somit in jedem Lebensabschnitt sinnvoll und notwendig, und auch die Verhaltenstherapie macht noch bei alten Hunden Sinn. **Kein Hund ist zu alt zum Lernen!** Der Spruch enthält dennoch wie viele Sprichwörter einen wahren Kern. Ein Junghund ist beinahe wie ein unbeschriebenes Blatt, er ist sehr lernwillig und aufnahmebereit. Hat sich ein Verhalten über Jahre eingeübt, ist es sehr mühsam, es wieder abzutrainieren. Außerdem gibt es in der frühen Jugendentwicklung des Hundes eine „sensible Phase“, die für das spätere Verhalten der Tiere entscheidend ist.

Ebenso, wie kein Hund zu alt zum Lernen ist, gibt es nahezu keinen, der dazu zu jung wäre. Man kann einem Welpen viel beibringen. Mit spielerischen und freundlichen Methoden kann schon ein kleines Hundekind lernen, was SITZ oder KOMM bedeutet. Beginnen Sie mit der Hundeerziehung bereits, wenn Sie den Welpen übernehmen. Überfordern Sie den Kleinen jedoch nicht! Ein Junghund kann sich noch nicht lange konzentrieren. Viel Selbstbeherrschung und Disziplin dürfen Sie also nicht erwarten. Üben Sie mit dem Kleinen zum Beispiel SITZ, belohnen Sie ihn sofort, wenn er sich hinsetzt, und lassen ihn nach etwa zwei Sekunden wieder aufstehen und spielen (siehe S. 35 ff.).

Hunde lernen ihr Leben lang. Kein Hund ist zu jung oder zu alt dazu.

Schuldbewusstsein und „schlechtes Gewissen“

Sie sind wütend, weil Ihr Hund etwas „ausgefressen“ hat. Schon wieder eine Pfütze auf dem guten Teppich oder eine kostbare Vase zerbrochen! Und der Vierbeiner scheint genau zu wissen, was er angerichtet hat, denn er kommt angekrochen, duckt sich oder aber er versteckt sich unter dem Sofa. Hat er ein schlechtes Gewissen? Die Verhaltensforscher sind sich einig, dass ein Hund kein schlechtes Gewissen im menschlichen Sinne hat. Das Verhalten, das der Hund in diesen Situationen zeigt, ist ein **Beschwichtigungs-** und **Meideverhalten**. Der Hund geht uns aus dem Weg oder will uns milde stimmen, weil er unseren Ärger erkennt oder weil er gelernt hat, dass wir in bestimmten Situationen wütend reagieren. Strafen wir den Hund, obwohl er Beschwichtigungsverhalten zeigt, verstoßen wir gegen die wichtigsten Hunderegeln. Bei der Erziehung zur Stubenreinheit bedeutet das: Einen Hund mit der Nase in seinen Kot oder Urin zu stoßen, ist reine Tierquälerei! Auch das Schimpfen mit dem Hund, während man auf die Hinterlassenschaften zeigt, ist völlig sinnlos. Denn der Hund kann im Nachhinein nicht verstehen, was man von ihm will. Er lernt nur, dass sein Besitzer unberechenbar ist.

Wenn Hunde „schuldbewusst“ aussehen, haben sie kein „schlechtes Gewissen“, sondern zeigen lediglich Beschwichtigungs- oder Meideverhalten. Eine Strafe im Nachhinein ist sinnlos und unverantwortlich!

Dieser Hund ist nicht schuldbewusst, sondern zeigt Beschwichtigungsverhalten.

Freilauf und Rückruf

Nach Tierschutz-Hundeverordnung hat jeder Hund Anspruch auf täglich ausreichend Auslauf im Freien und soll regelmäßig die Möglichkeit zu Sozialkontakten mit anderen Hunden haben. Hunde brauchen Freilauf, das reine Führen an der Leine ist aus verhaltenskundlicher Sicht nicht ausreichend. Will man seinen Hund frei laufen lassen, ist es jedoch nötig, dass er zuverlässig kommt, wenn man ihn ruft. Diesen verlässlichen Rückruf muss man immer wieder in verschiedensten Situationen und mit Belohnung üben. Seien Sie beim Spaziergang immer aufmerksam, damit Sie Ihren Hund rechtzeitig rufen können, bevor er etwas tut, was er nicht soll. Und wenn Ihr Vierbeiner doch mal nicht hört, weil er zu aufgeregt oder abgelenkt ist, dann dürfen Sie ihn weder schimpfen noch barsch am Halsband greifen. Ihre Nähe muss immer für den Hund schön sein, egal, ob er gehorcht hat oder nicht! Üben Sie wieder intensiver in ablenkungsarmen Situationen und mit besonders guten Leckerlis.

Langeweile oder „geistige" Auslastung

Ein Hundeleben ist häufig nicht besonders spannend. Neben der körperlichen Auslastung wird oft auch die „geistige" Beschäftigung des Hundes nicht ausreichend berücksichtigt. Der Hund ist gelangweilt und unausgelastet. Manche Hunde werden dadurch faul und phlegmatisch, andere suchen sich ihre eigenen Beschäftigungen und gewöhnen sich Dinge an, die ihren Besitzern gar nicht gefallen. Man hat festgestellt, dass Verhaltensprobleme häufiger bei Hunden auftreten, die unterbeschäftigt sind, als bei solchen, bei denen die Auslastung stimmt. Verschaffen Sie daher Ihrem Hund ausreichend Bewegung und Anregung, geben Sie ihm Aufgaben und lassen Sie ihn Probleme lösen. Lassen Sie Ihre Fantasie spielen, holen Sie sich Anregungen mit Hilfe von Büchern oder beginnen Sie eine sportliche Aktivität im Hundeverein (siehe S. 39 ff. und S. 15 ff.). Sehr sinnvoll ist auch sogenanntes "Medical Training", also Training von tierärztlichen Untersuchungs- und Behandlungsmaßnahmen. So kann man dem Hund in kleinen Schritten und mit viel Belohnung beibringen, dass er stillhält, wenn man ihm in die Ohren schaut, seinen Bauch abtastet, Fieber misst, Krallen schneidet, Augentropfen gibt usw. Das ist sehr praktisch zuhause, wenn Sie den Hund untersuchen, eine Zecke entfernen oder beispielsweise die Ohren säubern müssen. Und es erspart im besten Fall allen Beteiligten Stress beim Tierarztbesuch. Sie finden in Büchern, im Internet und in Kursen viele hilfreiche Anleitungen. Egal, was Sie mit Ihrem Hund trainieren, Hauptsache ist, Ihr Hund und Sie selbst haben Spaß dabei!

Neben der körperlichen ist auch die „geistige" Auslastung des Hundes für eine tiergerechte Haltung unverzichtbar. Es gibt viele verschiedene Möglichkeiten der Beschäftigung und des Trainings mit dem Hund, sei es mit oder ohne Klicker, allein oder im Verein, mit besonderem Ziel (wie beim "Medical Training") oder einfach nur zum Spaß. Wichtig ist in jedem Fall, dass Ihr Hund und Sie Freude miteinander haben!

WORAN ERKENNT MAN EINE GUT GEFÜHRTE WELPENSPIELSTUNDE?

Die ersten 14 Wochen

Die ersten 14 Wochen im Leben eines Hundes sind ganz entscheidend für seine Verhaltensentwicklung. Nach dem Wechsel in die neue Familie fehlen dem Welpen die gleichaltrigen Wurfgeschwister. Daher sollte man ganz gezielt den Kontakt zu anderen Welpen suchen, denn sie lernen – bei ausgewogenem Kräfteverhältnis – die wichtigsten Spielregeln des Hundeverhaltens miteinander. Eine gute Möglichkeit dazu sind Welpenspiel- und -erziehungskurse, wenn sie gut geführt sind. **Hundetrainer**, die gewerblich arbeiten, müssen eine Sachkundeprüfung nach § 11 TierSchG ablegen. Hier einige Kriterien, die Ihnen die Suche nach einer guten Schule erleichtern können.

Aufruf zur Anarchie?

Frei herumlaufende Welpen machen noch keine Welpenspielstunde: Wenn an sogenannten Spielnachmittagen Welpen zusammen mit Junghunden bis zu einem Jahr frei herumtollen dürfen, dann lernen alle Beteiligten mit hoher Wahrscheinlichkeit das Verkehrte: Nicht „Einmal bin ich beim Herumbalgen und Spielen oben, dann liege ich wieder unter meinem Spielpartner.", sondern „Größere Hunde machen kleinere bzw. jüngere nieder." Auch Welpenkurse, an denen 10 und mehr Welpen teilnehmen, sollte man mit Vorsicht beurteilen. Als Faustregel gilt, dass eine qualifizierte Aufsichtsperson nicht mehr als 5 bis maximal 6 Welpen betreuen kann, denn die Kleinen muss man ständig im Auge behalten.

Ideal ist es, wenn die Welpen unterschiedlichen Rassen und Mischlingstypen angehören, damit sie voneinander lernen, mit Hunden, die anders aussehen und sich anders verhalten, zurechtzukommen. Die Spielpartner müssen zueinander passen. Nicht allein die Größe oder das Alter in Wochen sind ausschlaggebend, sondern auch die innere Reife. Schon in den ersten Wochen zeigen sich Früh- und Spätentwickler. Großwüchsige Welpen müssen lernen, behutsam mit Kleinen umzugehen, schüchterne Welpen sollten langsam an die Gruppe gewöhnt werden, zu draufgängerische Welpen sollten gebremst werden, von Menschen oder auch durch einen erwachsenen Hund, der welpenerfahren und sozial kompetent ist.

An Welpenspielstunden sollten ausschließlich Hunde im Alter zwischen 8 und 16 Wochen teilnehmen. Gut geführte Spielstunden haben pro Betreuer nicht mehr als 5 bis 6 Welpen und bieten ein spezielles Lernprogramm an.

Nie lernt ein Hund so leicht wie im Welpenalter

Nie lernt ein Hund so leicht wie im Welpenalter, z.B. die Grundkommandos, und nie wieder wird er so neugierig sein auf die Dinge des Lebens, sei es ein wieherndes Pferd, eine stinkende Asphaltwalze oder das Getümmel in der Fußgängerzone. Bis zur 16. Woche steht das Spielen im Vordergrund, das heißt aber nicht, dass mit den Hunden nicht schon geübt wird. In guten Welpenspielstunden wird ein Programm angeboten, bei dem Welpe und Besitzer gemeinsam lernen, z.B.:

Wie man einen Welpen positiv motiviert: Besonders animierend finden Welpen Bewegungen des Menschen wie Davonrennen, Hüpfen, Winken oder Nachahmen der hündischen Spielaufforderung, aber auch durch die Stimme lassen sie sich „anfeuern" oder durch Spielzeug wie Kordel, Ball oder Quietschfiguren und nicht zuletzt durch Futter.

Manche Hundebesitzer möchten ihren Hund nicht mit Futter belohnen, weil sie glauben, der Hund würde durch zu viele Leckerlis „verdorben". Das stimmt jedoch nicht. Nach den Erkenntnissen der Lerntheorie ist es wichtig, den Hund nicht nur beim Lernen, sondern auch weiterhin für seine Leistung zu belohnen. Nicht mehr für jedes SITZ, aber – ganz unregelmäßig – immer wieder einmal. Belohnung muss nicht immer Futter sein, auch Spielzeug, Streicheleinheiten, Lob, Kontakt zu anderen Hunden, bei Hitze ein Bad im Hundepool und vieles mehr können motivieren. Abwechslung hat auch den Vorteil, dass die Hunde weder auf Futter noch auf ein bestimmtes Spielzeug, wie z.B. den Ball, zu stark fixiert werden. Denn mit Hunden, die nur noch Futter oder Ball im Kopf haben, kann man nur schwer arbeiten. Grundsätzlich ist es durchaus sinnvoll, einem Hund sein Futter nicht einfach hinzustellen, er sollte sich zumindest einen gewissen Teil, über den Tag verteilt, verdienen.

Wie man einen Welpen gewaltfrei in die nötigen Schranken verweist: Ganz wichtig ist das Lernen der **Beißhemmung** (siehe S. 10 f.): Packt der Welpe zu fest zu, quietscht der Mensch auf und beendet das Spiel. Hilft dies einmal nichts, kann man den Hund – am Brustgeschirr – anleinen und in sicherer Distanz vom eigenen Körper kurz ruhig halten oder ihm eine kurze Auszeit geben, z.B. im Garten, im anderen Zimmer.

Ein weiterer Punkt aus dem Lernprogramm für Welpe und Besitzer ist die Frage, wie verhindere ich, dass ein **Hund an mir hochspringt.** Für den Welpen ist dies ein völlig normales Begrüßungsverhalten gegenüber älteren Hunden oder eben dem Menschen. Für das Zusammenleben mit dem Menschen ist diese Begrüßung – besonders bei großwüchsigen Hunden – jedoch zu stürmisch: Wenn man rechtzeitig erkennt, was der Welpe vorhat, kann man mit der flachen Hand vor dem Hundekopf nach unten gehen und ihm so signalisieren: Bleibe unten. Ist der Hund schon im Sprung, dreht man sich demonstrativ weg, ohne ein Wort zu sagen. Jedes PFUI oder NEIN könnte der Welpe als Mitspielen interpretieren. Solange der Welpe versucht hoch-

Hände hochnehmen, wie es oft ängstliche Menschen tun, animiert den Hund zum Hochspringen. Richtig wäre es, sich ruhig wegzudrehen.

zuspringen, ist er Luft für Sie. Anfangs kann es mehrere Wegdreh-Wiederholungen brauchen, bis der Welpe mit den Pfoten am Boden bleibt. Für dieses Alternativverhalten sollten Sie ihn sofort belohnen, z.B. mit einem Leckerli oder ruhiger Aufmerksamkeit.

Wie man neue und daher für den Welpen bisweilen beängstigende Situationen ohne Zwang bewältigt: Beliebtes Beispiel ist der Stofftunnel. Wenn ein Welpe sich nicht hindurchwagt, versucht man ihn mit Futter bzw. Spielzeug durchzulocken oder mit Hilfe eines vorauskrabbelnden Welpen oder Kindes hindurchzulotsen. Hilft das alles nichts, klappt man den Tunnel zu einem Reifen zusammen, so schafft es jeder Welpe hindurchzusteigen. Dann kann man den Tunnel immer wieder ein bisschen länger machen, auf diese Weise kann selbst ein verzagter Welpe mit einem Erfolgserlebnis nach Hause gehen.

Spielzeugtunnel: Der erste Durchgang erfordert manchmal etwas Mut, doch jetzt fühlt sich der Welpe schon ganz zu Hause.

Auch Spaziergänge – zum Beispiel in die Stadt oder zu Tiergehegen – können wünschenswerte Elemente des Welpenkurses sein, allerdings sollte man die Welpen zwischendurch tragen, falls sie müde sind. Je mehr Strukturen – z.B. Bänke, umgefallene Bäume, Pfosten, Wasserlauf – das Gelände bietet, desto mehr Eindrücke nehmen die Welpen fürs weitere Leben mit.

Ein weiteres Kriterium ist es, auf welche Weise man bei den Kleinen anfängt, die Grundkommandos SITZ, PLATZ, BLEIB, FUSS sowie den Rückruf zu üben. Auch hier soll die Motivation im Vordergrund stehen, ein gutes Beispiel ist das Kommando SITZ.

Wenn der Betreuer ein Leckerli über die Hundenase führt, sodass der Welpe sich automatisch hinsetzt, ist dies ein guter Weg. Wenn der Kursleiter hingegen das Kommando SITZ durch Handdruck auf das Hinterteil des Welpen erzielt, sollten Sie sich eventuell nach einer anderen Welpenspielstunde umsehen.

Im 4. Lebensmonat kann man mit den Welpen schon ein bisschen länger üben, da ihr Konzentrationsvermögen zugenommen hat. Dennoch ist es wichtig, die Welpen nicht zu überfordern, sondern den Spaß am Lernen und der Teamarbeit mit dem Menschen zu fördern.

Wenn ein Welpe müde wird, legt er sich entweder hin oder er wird „überdreht“, wie man dies auch von Kindern kennt. Er hört nicht mehr auf seinen Besitzer, wechselt ständig den Spielpartner und reagiert kaum noch auf Spielzeug oder Leckerlis: Höchste Zeit für eine ausgiebige Ruhepause. Auch nach dem Kurs sollte man dem Welpen mindestens zwei Stunden Ruhe gönnen.

Fühlt sich ein Welpe überfordert, nicht nur, wenn er müde ist, sondern auch dann, wenn ihm eine Aufgabe zu schwierig ist oder er sich unter Druck gesetzt fühlt, zeigt er – wie Menschen in vergleichbaren Situationen auch – Übersprungshandlungen. Dies äußert sich beispielweise durch ein Sichkratzen, eine Spielaufforderung oder durch Beschwichtigungssignale wie Gähnen, Wegsehen oder Sich-die-Lippen-Lecken.

Mit 14 bis 16 Wochen, das ist individuell sowie nach Rasse oder Typ ein bisschen unterschiedlich, wird es dann Zeit, in den Junghundekurs zu wechseln.

So schnell und leicht wie im Welpenalter lernt ein Hund nie wieder. Deshalb ist dies die richtige Zeit, um mit ihm alltägliche Situationen, aber auch die Grundkommandos zu üben. Auf keinen Fall sollte man die Welpen durch allzu langes Exerzieren überfordern, denn dann verlieren sie den Spaß!

Woran erkennt man eine gute Hundeschule?

Natürlich kann man seinem Hund selbst SITZ und PLATZ beibringen, aber in der Gruppe lässt es sich besser üben.

Spielen animiert, aber auch die Lernstimmung steckt an. In der Gruppe lässt es sich daher meist leichter lernen. Außerdem ist die Ablenkung

Der Welpe macht schon von sich aus SITZ und wartet auf seine Belohnung. Jetzt führt man das Handzeichen, z.B. den erhobenen Zeigefinger, ein.

durch andere Hunde, sei es in der Hundeschule oder im Park, wichtig, um die Kommandos zu festigen. Auch der Rückruf klappt in der Hundeschule oft besser als auf dem Spaziergang; nicht zuletzt deshalb, weil die Motivation eines Hundes sehr hoch ist, zur Schul„klasse" zurückzukommen. Der Besuch einer gut geführten Hundeschule ist daher gerade für Junghunde sehr zu empfehlen. Denn ohne sicheren Rückruf könnte man seinen Hund streng genommen allenfalls im hoch eingezäunten eigenen Garten von der Leine lassen.

Kriterien für einen gut geführten Welpenspielkurs

- Kleine Gruppen von 5–6 Welpen pro Betreuungsperson.
- Alter zwischen 8 und 16 Wochen.
- Dauer maximal 60 Minuten.
- Grundstück mit Struktur wie z.B. liegende Baumstämme, Reifen, Bach etc.
- Theoretischer und praktischer Unterricht: Wie motiviere ich einen Welpen, wie zeige ich ihm gewaltfrei seine Grenzen, was mache ich, wenn der Welpe vor etwas Angst hat.
- Es wird nicht nur gespielt, man übt auch jedes Mal ganz kurz.
- Der Welpe lernt die Grundkommandos richtig und ohne Zwang.
- Spaziergänge, z.B. in die Stadt oder zu Tiergehegen, stehen auf dem Programm.
- Bewegungsbedürfnis: Aktuelle Forschung zeigt, Welpen dürfen sich ungehindert bewegen, bis sie müde sind, Sport ist noch nichts für sie.

Checkliste für die Wahl einer Hundeschule oder eines -vereines

Mancherorts gibt es nicht viel Auswahl, dennoch sollte man auch dann folgende Kriterien anwenden, um sich ein Urteil zu bilden, bevor man sich für eine Hundeschule, einen Trainer oder einen Hundeverein entscheidet:

1. Man darf mit seinem Hund, wenn Platz im Kurs ist, eine Probestunde machen oder zumindest (auch ohne Hund) zusehen und muss nicht von vornherein einen Kurs belegen.
2. In der Regel sind maximal sechs, in etwa gleichaltrige Hunde pro Kurs zugelassen.
3. Die Hunde werden z. B. mit Stimme, Futter oder Spiel motiviert, genau das zu wollen, was wir auch möchten. Physische Einflussnahme, die dem Hund Angst oder Schmerzen zufügen soll, ist grundsätzlich abzulehnen, z.B. Leinenruck; Würge-, Stachelhalsband sind verboten.
4. Der Kurs findet nicht nur am Hundeplatz statt – es werden zusätzliche Übungen wie z.B. ein Stadtspaziergang angeboten.
5. Neue Hunde werden umsichtig in die Gruppe integriert, um Mobbing oder Raufereien zu vermeiden.
6. Theoretischer Unterricht ergänzt die praktische Arbeit mit den Hunden.
7. Hund und Besitzer sollen Spaß am Unterricht haben.
8. Problemhunde werden nicht weggeschickt, sondern besonders intensiv betreut, eventuell auch in Zusammenarbeit mit einem Verhaltenstherapeuten.

Welche Hundeschule wähle ich?

Hunde können nur in entspannter Atmosphäre wirklich lernen. Deshalb ist es wichtig, dass sich nicht nur Ihr Hund, sondern auch Sie sich in der Hundeschule wohlfühlen, denn Ihre Stimmung überträgt sich auf den Hund. Meist gibt es im Anschluss an die Welpenspielstunde Junghundekurse, dann fällt die Entscheidung leicht, weiter dort zu üben. Sie können jedoch alternativ auf mehreren Plätzen in Ihrer Nachbarschaft mit Ihrem Hund eine Probestunde machen, um die passende Hundeschule zu finden. Wichtig ist es, dass der Hund als Partner gesehen wird. Er soll durch die Stimme, durch Körpersprache, Spielzeug oder Leckerlis motiviert werden, mit uns zu arbeiten und nicht durch Angst. Wenn die Hunde mit eingeklemmter Rute auf den Hundeplatz gehen, werden sie wenig lernen.

Die Gruppen sollten möglichst nicht mehr als sechs Hunde haben, da jeder Hund einzeln zeigen sollte, was er schon kann oder auch nicht. Nur dann kann der Hundetrainer Fehler korrigieren und Tipps fürs Üben zu Hause geben. Die Hunde sollten im Alter und Können einigermaßen zueinander passen.

Ab der Pubertät testen Hunde ihre Kräfte untereinander verstärkt aus, wenn Trainer und Besitzer nicht konsequent darauf achten, kann es zum sogenannten **Mobbing** kommen: Kleine, unterwürfige oder ängstliche Hunde werden von einem oder mehreren anderen Hunden regelmäßig gejagt, zu Boden gezwungen oder auf andere Weise eingeschüchtert oder regelrecht in Angst versetzt. Meiner Erfahrung nach ist dieses Verhalten weitaus häufiger anzutreffen als die gefürchteten „Raufereien“. Am Besten ist es daher, bereits im Vorfeld zu besprechen, wie man Mobbing in einer Gruppe vermeiden kann.

Kleine Gruppen mit bis zu sechs Hunden sind ideal, die vom Alter bzw. im Können übereinstimmen sollten. Kommen ein entspanntes Klassenklima und Motivation statt Härte dazu, kann der Hund optimal lernen.

Keine Praxis ohne Theorie

Besprechen Sie am Anfang des Kurses mit dem Trainer, welches Ziel Sie mit Ihrem Hund gerne erreichen möchten, wie verlässlicher Rückruf von anderen Hunden weg oder entspanntes Gehen an der Leine, ohne dass der Hund zieht. Hierfür ist es wichtig, den Unterricht an verschiedenen Plätzen stattfinden zu lassen. Sonst trifft der „zu-Hause-kann-er-SITZ“-Effekt auch auf dem Hundeplatz zu: Hier kann er die Kommandos, aber auf der Nachbarwiese eben leider nicht.

Neben den praktischen Übungen sollten auch die Grundsätze des Hundeverhaltens sowie der angewandten Erziehungsmethoden erklärt werden. Sie sollen verstehen, warum etwas genau so gemacht wird. Gerade, wenn ein Hund nicht das tut, was man von ihm möchte, sollte man ganz bewusst ruhig bleiben und erst einmal genau hinsehen und überlegen, weshalb der Hund nicht reagiert – z.B. ist er abgelenkt, versteht er das Kommando noch nicht, ist er müde oder überfordert. Erst dann ist es sinnvoll zu versuchen, den Hund zu dem gewünschten Ver-

In einer guten Hundeschule stehen Ausflüge ins Grüne auf dem Programm, damit die Hunde lernen: Kommandos wie PLATZ gelten überall.

halten zu motivieren oder ihm eine Pause zu gönnen.

Zudem sollten Sie lernen, wie Sie sich mit Ihrem Hund in der Öffentlichkeit korrekt benehmen (siehe S. 68 ff.). Viele Hundeschulen geben den Besitzern schon Informationsblätter mit, damit sie das Gehörte zu Hause nachbereiten können. Umgang mit Problemen: In einer guten Hundeschule wird zu Beginn vorsorglich erklärt, wie man sich bei einem möglichen Problem wie Mobbing oder einer Rauferei richtig verhalten sollte. Dann wissen alle, was im Ernstfall zu tun ist (siehe S. 98 ff.). Auch andere Schwierigkeiten sollen im Kurs besprochen werden. Falls nötig, erhält ein Problemhund für eine gewisse Zeit Einzelunterricht oder Verhaltenstherapie, bis er wieder in die Gruppe zurückkehren kann.

In guten Hundeschulen wird erklärt, warum man eine Übung so und nicht anders machen sollte. Auch Theoretisches zum Thema Hundeverhalten sowie das korrekte Auftreten mit dem Hund in der Öffentlichkeit sollten auf dem Lehrplan stehen.
Wenn Sie mehrere Hundeschulen zur Auswahl haben, können Sie jeweils eine Probestunde absolvieren und sich dann entscheiden. Auf jeden Fall sollten Sie klären, ob mit den modernen, gewaltfreien Erziehungsmethoden (Motivation) gearbeitet wird. Wenn nicht: Besser keine Hundeschule besuchen als eine schlechte!

SINNVOLLE ALLTAGSREGELN

Rangbeziehungen und „Leadership“

Wildlebende Wölfe leben in harmonischen Familienverbänden, in denen die Eltern die Leitung haben. Sie führen die Gruppe an, bestimmen, was gemacht wird, übernehmen die Verteidigung (z.B. gegenüber benachbarten Wolfsrudeln) und pflanzen sich fort. Die anderen Gruppenmitglieder, d.h. die Nachkommen, richten sich nach den Eltern. Das Zusammenleben ist von Kooperation, nicht von Aggression bestimmt. Frühere Vorstellungen, dass Rudel von „Alpha“-Wölfen angeführt werden, die aggressiv ihren hohen Rangstatus erkämpfen und verteidigen, sind überholt. Diese alten Vorstellungen hatten dazu geführt, dass Menschen meinten, man müsse diese „Alpha“-Position seinem Hund gegenüber durchsetzen und ihn mit Gewalt unterordnen.
Die Begriffe „Rangordnung“, „Alpha“ und „dominant“ sind daher mittlerweile umstritten. Stattdessen sollte man das Zusammenleben mit dem Hund auf gewalt- und schmerzfreie Weise regeln, sodass sich der Hund unter der Führung seines Menschen („Leadership“) geborgen fühlen kann.

Für das friedliche Zusammenleben ist es wichtig, dass es klare Regeln und Beziehungen gibt. Wenn klar ist, wer bestimmt oder wer vorrangig Zugang zu bestimmten Ressourcen (z.B. Futter) hat, kommt es zu keinen Konflikten. Wenn jedes Tier seine Position kennt, sorgt das für Frieden und Sicherheit. Wie u.a. Studien an Streunern zeigen, bilden sich in Hundegruppen in der Regel stabile (Rang-) Beziehungen zwischen den einzelnen Tieren aus. Das überlegene Tier kann dem unterlegenen eine Ressource streitig machen, wenn es das möchte. Meist verständigen sich die Tiere dabei durch Körpersprache und Gesten, ohne Kampf.

In Hundegruppen sorgen stabile (Rang-) Beziehungen für Frieden und Sicherheit. Der Mensch sollte die Führungsrolle gegenüber seinem Hund auf gewaltfreie Art und Weise übernehmen.

Demokratie funktioniert bei Hunden nicht.

Missverständnisse im Zusammenleben

Hunde kennen keine Demokratie. Insbesondere der heranwachsende Hund sucht seinen Platz im sozialen Gefüge der Gruppe. Daher probieren manche Hunde auch bei uns Menschen immer mal wieder aus, was sie bestimmen dürfen. Wir finden dabei viele Dinge gar nicht so wichtig, die für den Hund aber von großer Bedeutung sind. Lesen Sie Ihrem Hund alle Wünsche von den Augen ab? Gehen Sie auf ihn ein, wenn er ankommt und Sie anstupst? Spielen Sie mit ihm, wenn er Sie dazu auffordert? Oder öffnen Sie ihm die Terrassentür, wenn er davor steht und auffordernd bellt? Das ist wirklich sehr nett und aufmerksam von Ihnen! Ihr Hund bekommt so jedoch immer wieder gesagt, dass er alles bestimmen darf – und schon hat man womöglich ein Missverständnis bezüglich der Führungsrolle.

Viele Hundehalter verhalten sich ihrem Tier gegenüber wie zu einem kleinen Kind. Sie wollen es verwöhnen, in seiner Persönlichkeitsentwicklung fördern und sind zufrieden, wenn es einen „Dickkopf“ entwickelt. Der Hund wird häufig als beinahe gleichberechtigtes Famiienmitglied behandelt: höflich und zuvorkommend. Außerdem ist der Umgang mit vielen Hunden sehr inkonsequent, heute darf er etwas, was ihm morgen verboten wird. Klare Regeln oder Rituale fehlen. Viele Hunde passen sich problemlos in diese vermenschlichte Rolle und in den aus Hundesicht chaotischen und unberechenbaren Alltag ein. Einige sind damit jedoch völlig überfordert. Nicht selten können sich hieraus **Verhaltensprobleme**, z.B. Aggressionsprobleme, entwickeln. Der Hund reagiert damit meist nur logisch und folgerichtig auf ein inkonsequentes und vermenschlichendes Verhalten seiner Besitzer. Daher ist es wichtig, dem Hund – liebenvoll, aber bestimmt – Grenzen zu setzen und Leitung zu übernehmen.

Hunde kennen keine Demokratie. Daher sind manche Hunde überfordert, wenn sie von ihren Besitzern wie gleichberechtigte Familienmitglieder behandelt werden. Hunde brauchen klare Regeln im Zusammenleben, damit sie sich wohlfühlen können.

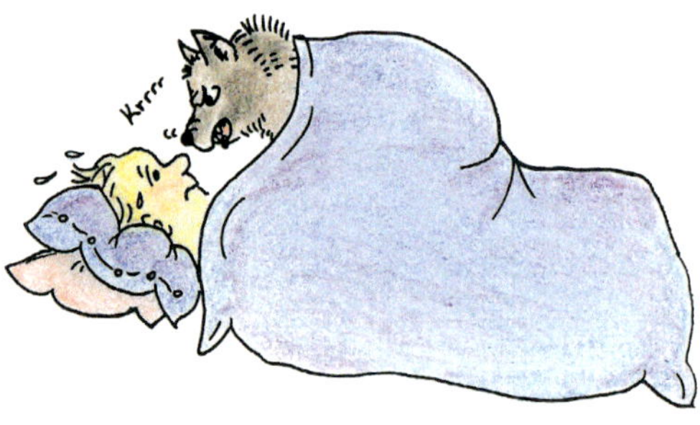

Ihr Hund darf alles? Das kann eines Tages zu einem bösen Erwachen führen!

Was kann passieren, wenn der Mensch nicht die Leitung übernimmt?

Wird ein Hund in den Kleinigkeiten des Alltags ständig unabsichtlich darin bestätigt, dass er alles bestimmen und haben darf, kann das zu einem Missverständnis zwischen Hund und Mensch führen. Manche Hunde sind aufgrund des inkonsequenten Verhaltens der Menschen sehr verunsichert, und dadurch können Konflikte mit gefährlichen Folgen entstehen! Dies ist der Fall, wenn der Hund seine vermeintlichen Rechte mit den arteigenen Mitteln (z.B. mit den Zähnen) durchsetzen will. So kann es vorkommen, dass ein Hund die begehrtesten Ruheplätze wie Sofa, Sessel oder Bett gegenüber dem Zweibeiner durch Knurren oder Schnappen verteidigt oder ihn von seinem Lieblingsspielzeug oder Futter fernhält. Für den Menschen sieht dies Verhalten „undankbar" aus, für den Hund ist es die logische Konsequenz aus dem, was er im Umgang mit seinem Besitzer gelernt hat.

Manche Hunde, die ihre Situation in der Familie falsch einschätzen, können gefährlich werden.

Verhaltensprobleme durch Missverständnisse

Wenn Hunde durch mangelnde Grenzen und Regeln verunsichert sind, kann dies noch weitere unangenehme Konsequenzen haben. Manche Hunde fühlen sich verantwortlich, alle Familienmitglieder unter Kontrolle zu haben, sind ständig wachsam, kommen nicht zur Ruhe, verteidigen ihre Menschen gegen vermeintliche Eindringlinge und bedrohen daher zum Beispiel Besuch, den wir einladen. Viele Hunde sind mit diesen anstrengenden „Aufgaben" völlig überfordert. Wird den Tieren dagegen gewaltfrei und freundlich gezeigt, dass ihre Besitzer bestimmen, machen solche Hunde einen regelrecht erleichterten Eindruck. Sie können sich entspannen und auf die Führung der Menschen vertrauen, die nun ihrerseits entscheiden können, welche Besucher willkommen sind und daher vom Hund akzeptiert werden sollen.

Achtung: Aggressives Verhalten in den genannten Situationen kann auch ganz andere Ursachen haben. Beispielsweise kann ein gestörtes Vertrauensverhältnis zum Menschen dazu führen, dass der Hund aggressiv reagiert, wenn sich ein Familienmitglied dem Ruheplatz oder dem Futter nähert. **Unsicherheit** ist die häufigste Ursache für Aggression.

Die meisten Hunde fühlen sich bei einer souveränen und liebevollen Leitung durch ihre Menschen erst richtig wohl.

Übernehmen Sie die Leitung

Sie müssen weder groß, noch stark sein oder laut schreien können, damit Sie Ihr Hund für voll nimmt. Die Führungsrolle hat überhaupt nichts mit Gewalt oder Härte zu tun. Sie wollen ja nicht der Feind Ihres Hundes werden, sondern der souveräne Freund, der den Hund leitet, der ihm Sicherheit gibt und dem er vertrauen kann. Ihr Hund soll sich bei Ihnen geborgen fühlen. Wird er von Ihnen im Nackenfell geschüttelt, auf den Rücken geworfen, geschlagen oder beschimpft, kann er sich bei Ihnen nicht sicher und wohlfühlen. Außerdem besteht dann die Gefahr, dass die Gewalt eskaliert. Durch direkte Bestrafung wird der Hund eventuell (noch) aggressiv(er) und kann seinem Besitzer schwere Verletzungen zufügen. Auch in der Kindererziehung hat sich weder ein rein autoritärer Erziehungsstil (Unterordnung mit Härte) noch ein rein antiautoritärer Erziehungsstil (ohne Regeln und Grenzen) bewährt. Der Nachwuchs braucht eine liebevolle Leitung durch seine Eltern. Ebenso der Hund. Viele Hundehalter übernehmen ganz selbstverständlich die Führung. Und viele Hunde folgen ganz automatisch und passen sich problemlos an. Aber besonders sanfte und nachgiebige Menschen mit besonders fordernden

Nicht so, ... sondern so!

Der Mensch übernimmt weder Leitung noch Verantwortung? So tun Sie weder sich selbst noch Ihrem Hund einen Gefallen!

Hunden könnten Probleme miteinander bekommen. Hier können die folgenden Regeln helfen, Ordnung in den Alltag zu bringen, den Hund kontrollierbarer zu machen und Konflikte zu vermeiden.

Die Führungsrolle hat nichts mit Gewalt oder Härte zu tun. Sie haben bei der Hundeerziehung mit „friedlichen" Mitteln den besten Erfolg.

Hilfreiche Regeln für das Zusammenleben

Für ein harmonisches Zusammenleben bewährt es sich, sinnvolle Regeln aufzustellen, damit Missverständnisse und Konflikte vermieden werden, und Rituale zu schaffen, die dem Hund Orientierung und Sicherheit geben. Rituale sind immer wiederkehrende, vorhersehbare Ereignisse, sie sind für Hunde ähnlich wichtig wie für kleine Kinder, damit sie wissen, was sie erwartet.

Die folgenden Umgangsregeln/Rituale können bewirken, dass sich Ihr Hund von Ihnen geleitet fühlt und sich an Ihnen orientiert, dass er kontrollierbarer und gehorsamer und das Zusammenleben mit ihm angenehmer und leichter wird. Der Hund lernt Impulskontrolle und Geduld, respektiert "Bremsen" im Alltag und macht daher einen "wohlerzogenen" Eindruck. Dadurch ist er überall, wohin Sie ihn mitnehmen, gerne gesehen. Die folgenden Regeln sind besonders für Hunde geeignet, die Probleme machen. Wenn Ihr Hund schon einmal aggressives Verhalten gezeigt hat, d. h. schon einmal jemanden angeknurrt oder aggressiv angebellt hat, ist eine professionell geleitete Verhaltenstherapie ganz dringend anzuraten! Mit Hilfe des Verhaltensspezialisten können individuell auf Ihren Hund und das Problem zugeschnittene verhaltenstherapeutische Maßnahmen und Umgangsregeln gefunden werden. Bei ganz unproblematischen und freundlichen Hunden muss man die folgenden Regeln nicht so konsequent befolgen.

Aber schaden tut es keinem Hund, denn jedem Hund geht es besonders gut, wenn es freundliche und hundegerechte Regeln und deren **konsequente** Umsetzung im Alltag gibt.

1. Wer bestimmt?

Zeigen Sie Ihrem Hund, dass Sie über ihn und alles, was ihn angeht (Zärtlichkeit, Futter, Spiel, Spaziergang usw.), bestimmen. Gehen Sie daher nicht immer sofort auf ihn ein, wenn er zu Ihnen kommt, Sie anstupst, die Pfote auflegt oder fiept. Am besten ignorieren Sie sein forderndes Verhalten. Ignorieren bedeutet: Sie dürfen Ihren Hund nicht ansehen, nicht anfassen und nicht mit ihm sprechen. Bereits einen kurzen Moment später (wenn Ihr Hund Ruhe gibt) können Sie dann Ihren Hund zu sich rufen und sich mit ihm beschäftigen. Denn es ist nicht gemeint, dass Sie Ihrem Hund keine Aufmerksamkeit mehr geben dürfen. Im Gegenteil: Der Hund ist ein soziales Wesen mit einem großen Bedürfnis an Zuwendung. Es geht nur darum, den Zeitpunkt des Sozialkontaktes zu bestimmen. Geben Sie ihm Aufmerksamkeit und Körperkontakt sowie Streicheln auf Ihre Initiative hin – und nicht immer nur, wenn der Hund es gerade von Ihnen fordert.

Durch klare Regeln im Zusammenleben vermeidet man Probleme.

Der Hund sollte in der Regel nichts einfordern dürfen. Immer sind Sie der Aktive, der entscheidet, was wann gemacht wird (Streicheln, Gassigehen, Füttern, Spielen usw.).

2. Erst einmal ein Kommando befolgen

Es sollte Ihnen und Ihrem Hund in Fleisch und Blut übergehen, dass Ihr Vierbeiner immer erst einmal ein Kommando befolgen muss, bevor er etwas bekommt, woran ihm liegt. Das heißt, bevor Sie mit ihm spielen, ihm Futter geben oder ihn zum Spaziergang anleinen, bevor er die Haustür verlassen oder aus dem Auto springen darf, sollte er erst einmal ein Kommando (z.B. SITZ, PLATZ, GIB PFOTE) ausführen. Diese Übung hat gleich mehrere positive Effekte: Ihr Hund wird gehorsam, geduldig und gut kontrollierbar.
Sie werden für ihn noch wichtiger, er orientiert sich an Ihnen, und ganz nebenbei bekommt er immer wieder gezeigt, dass Sie ihn leiten. Bitte vergessen Sie nicht, das Kommando auch

wieder aufzuheben. Sonst entscheiden Sie zwar, dass der Hund SITZ macht, er aber entscheidet, wann er wieder aufstehen darf.

Bevor Sie sich mit dem Hund beschäftigen oder er etwas Schönes tun darf, sollte er erst einmal einen Befehl befolgen (z. B. SITZ oder PLATZ).

3. Übung macht den Meister

Führen Sie immer wieder „grundlos" kleine Gehorsamsübungen mit Ihrem Hund durch, sowohl zu Hause im Alltag als auch draußen beim Spaziergang. Üben Sie KOMM, SITZ, PLATZ, BLEIB, FUSS oder auch kleine Kunststücke. Hierdurch wird Ihr Hund zum einen besser ausgelastet und es wird sein Gehorsam gefördert, zum anderen tun Sie auch etwas für Ihre Führungsrolle. Ihr Hund lernt, sich nach Ihren Wünschen zu richten, sich an Ihnen zu orientieren, Sie sind für Ihren Hund interessant und haben gemeinsam Spaß. Wichtig ist dabei: Vergessen Sie nicht, Ihren Hund sofort zu belohnen, z.B. zu loben. Bei diesen Übungen sind Leinenruck, eine „harte Hand" oder barsche Kommandos fehl am Platz. Das Ganze soll allen Beteiligten Freude machen!

Die Besitzerin ignoriert hier die Annäherungsversuche des Hundes, um ihm zu zeigen, dass er nicht über sie bestimmen kann.

Machen Sie häufiges Gehorsamstraining drinnen und draußen mit dem Hund. Für einen befolgten Befehl wird der Hund immer belohnt, z.B. durch Ihr Lob.

4. Essen und Fressen

Speisen für den Menschen sind in der Regel nicht für Hunde geeignet, sowohl aus gesundheitlichen als auch aus Erziehungsgründen. Geben Sie Ihrem Hund daher nichts von Ihrem Esstisch, dann wird Ihr Hund auch nicht betteln. Lassen Sie Ihren Hund SITZ machen und warten, während Sie seinen Napf füllen, und geben Sie ihm dann das Kommando, dass er fressen darf. So bestimmen Sie über ihn und das Futter. Geben Sie keine Leckerbissen „einfach so" nebenher, sondern nur für das Befolgen eines Befehls (z.B. SITZ, PLATZ). Beachten Sie dabei den richtigen Belohnungszeitpunkt, d. h. geben Sie das Leckerchen sofort – innerhalb einer Sekunde (siehe S. 29)!

Geben Sie Ihrem Hund nichts vom Esstisch. Geben Sie ihm Futterbelohnungen nur für einen ausgeführten Befehl und nicht nur „einfach so" zwischendurch.

Betteln lohnt nicht: Ihr Hund sollte nichts vom Tisch erhalten.

Der Mensch sollte die liebevolle Führung übernehmen und dem Hund Grenzen setzen, wo dies Sinn macht.

Steigen Sie nicht über den Hund, sondern lassen Sie ihn aufstehen.

5. Spiel oder Ernst?

Auch beim Spiel können Sie Ihrem Hund freundlich zeigen, dass Sie die Oberhand behalten. Bestimmen Sie über den Zeitpunkt des Spiels, indem Sie (und nicht der Hund) damit beginnen. Beenden Sie in der Regel das Spiel auch selber, z.B. indem Sie sich abwenden und weggehen. Dazu müssen Sie dem Hund nicht immer die Spielbeute wegnehmen. Es ist auch sinnvoll, während des Spiels immer wieder einmal zu überprüfen, ob man noch die Situation (siehe S. 21 ff.) unter Kontrolle hat. Wenn Sie im Spiel gebissen oder gezwickt werden, brechen Sie es selbstverständlich sofort ab. Diese Regel gilt auch, wenn der Hund in Ihre Kleidung, z.B. ins Hosenbein, beißt.

Sie bestimmen Anfang und Ende des Spiels. Brechen Sie sofort ab, wenn Ihr Hund Sie im Spiel zwickt oder beißt.

6. Wo wird geruht?

Erhöhte Sitzplätze können von manchen Hunden als Ressource angesehen werden. Daher können sich in Hinblick auf Sitzmöbel und Bett Probleme mit manchen Vierbeinern ergeben. Für Hunde, die erhöhte Plätze verteidigen, müssen solche daher tabu sein. Wenn Sie einen unproblematischen Hund haben und ihm erlauben wollen, dass er auf Möbel darf, dann immer nur auf Ihre Aufforderung. Richten Sie Ihrem Hund einen festen Platz in der Wohnung ein, „seinen Platz". Dieser Ort soll für ihn gemütlich und angenehm sein. Üben Sie mit dem Hund und schicken Sie ihn auf Kommando auf seinen Platz. Loben

Sie ihn, wenn er den Befehl befolgt. Dieser Platz sollte kein Ort der Strafe sein, das Kommando GEH AUF DEINEN PLATZ! sollte also nicht als Bestrafung eingesetzt werden.

Auf Möbel und Bett dürfen nur völlig unproblematische Hunde – und dies auch nur nach Ihrer Aufforderung.

7. Wer weicht vor wem aus?

Viele Hunde lieben es, immer mitten im Weg zu liegen, ausgerechnet dort, wo jeder über sie stolpert. Hunde liegen gerne im Flur oder blockieren einen Türdurchgang, damit sie alles, was passiert, beobachten können und unter Kontrolle haben. Ihre Höflichkeit ist hier fehl am Platze. Lassen Sie Ihren Hund ruhig aufstehen und aus dem Weg gehen, wenn Sie kommen und vorbeiwollen. Ein bisschen Bewegung kann dem Hund nicht schaden, und Sie tun – mal wieder ganz nebenbei – etwas für Ihre Führungsrolle!

Wenn Ihr Hund im Weg liegt, muss er aufstehen und Sie durchlassen.

8. Wer hat „die Nase vorn"?

Viele Hundebesitzer kennen das: Sobald es zum Spaziergang losgeht, ist der Hund der erste, der zur Tür hinausschießt. Zeigen Sie Ihrem Hund auch in dieser alltäglichen Situation Ihre Führungsqualitäten, denn nur Sie sind der Meister des Haustürschlüssels und der Türklinke. Ihr Hund soll zuerst SITZ machen und geduldig warten, bis Sie durch die Tür gegangen sind; auf Ihre Aufforderung darf der Hund dann auch die Wohnung verlassen. Diese Vorgehensweise fördert die Kontrollierbarkeit des Hundes, sie dient der Gefahrvermeidung (z.B. damit der Hund draußen nicht jemanden umrennt) und trainiert gleichzeitig Gehorsam und Disziplin.

Ihr Hund erwartet von Ihnen als Führungsperson die Richtungsvorgabe bei allen Unternehmungen. Überlassen Sie daher die Wahl des Spazierwegs nicht immer Ihrem Hund, sondern demonstrieren Sie ihm Ihre Entscheidungsfreiheit, indem Sie ab und zu unvorhergesehen die Richtung beim Spaziergang wechseln. So erreichen

Öffnen Sie erst die Wohnungstür, wenn der Hund SITZ macht und wartet.

Sie, dass Sie Ihr Hund im Auge behält und sich nach Ihnen richtet.

Der Hund sollte beim Verlassen der Wohnung immer unter Kontrolle sein. Am besten lassen Sie ihn immer absitzen, bevor Sie die Haustür öffnen, und gehen vor. Ihr Hund darf Ihnen dann auf Ihre Aufforderung hin folgen.
Lassen Sie beim Spaziergang nicht immer den Hund die Richtung bestimmen, sondern wählen Sie Richtung und Aktionen.

9. Berührungen und Blicke

Wenn Sie Ihren Hund über der Schnauze berühren, ihm ins Maul schauen, sich breitbeinig über ihn stellen, ihm die Pfoten abputzen, ihn bürsten, ihm in die Augen sehen oder sich seinen Bauch anschauen, während er auf dem Rücken liegt, führen Sie aus Hundesicht bedrängende und eventuell provokante Gesten aus, die sich nicht alle Hunde gefallen lassen. Viele Hunde erleben diese Maßnahmen als furchteinflößende Bedrängung.

Zeigt Ihr Hund Zeichen von Angst, sollten Sie – am besten unter professioneller Anleitung – behutsam mit ihm üben und ihm die Maßnahmen mit Belohnung „schmackhaft“ machen.

Achtung: Manche Hunde können diese Handlungen als „Zumutung“ empfinden und mit Knurren oder Schnappen reagieren. Dann sollten Sie dringend bei einem Spezialisten Rat einholen und vorerst auf diese Dinge verzichten, um sich nicht zu gefährden!

Ansonsten sind diese kleinen Gesten und Handlungen am Hund (z.B. Bürsten, Pfote des Hundes nehmen, freundliche Berührungen am ganzen Körper) zum einen eine gute Möglichkeit, dem Hund immer wieder freundlich zu zeigen, dass er sich vertrauensvoll überall berühren lassen kann. Außerdem ist es sehr praktisch, wenn Ihr Hund an diese Manipulationen gewöhnt ist. Oder finden Sie es schön, wenn Ihr Hund zappelt, wenn Sie ihm die Pfoten abputzen oder eine Zecke entfernen wollen?

Bürsten Sie Ihren Hund häufig und üben Sie mit ihm regelmäßig Ins-Maul-Schauen, Pfotenanfassen, Bauchanschauen usw. Vorsicht jedoch bei Hunden, die Anzeichen von Angst oder Aggression zeigen! Bei diesen sollten Sie diese Pflegemaßnahmen vorerst tunlichst vermeiden und professionelle Hilfe einholen.

Was kann sonst noch sinnvoll sein?

Überlegen Sie doch einmal, ob Ihnen noch andere Regeln einfallen, die für Ihren Vierbeiner und Sie sinnvoll sein könnten. Etwa, dass Ihr Hund bei jedem Bordstein anhalten und erst auf Ihre Aufforderung oder nach Ihnen die Fahrbahn betreten darf. Oder dass er erst Blickkontakt zu Ihnen aufnehmen muss, bevor er von der Leine und zu Artgenossen hinlaufen darf usw.

Führen und führen lassen

Manche Hunde machen einen sehr selbstständigen Eindruck. Sie passen sich nicht der Aktivität ihrer Besitzer an, sondern tun, was sie möchten, und entscheiden selbst über sich. Eventuell verteidigen sie Gegenstände oder Orte,

Der Hund sollte sich überall anfassen und bürsten lassen. Das kann man von klein auf mit Hilfe von positiver Verstärkung üben.

die ihnen wichtig sind, gegen Familienmitglieder. Sie machen sich häufig groß, mit durchgestreckten Beinen und erhobenem Schwanz. Auch mit Kopfauflegen, Anrempeln oder Aufreiten kann ein Hund versuchen, seine Überlegenheit zu zeigen. Zeigt ein Hund dieses Verhalten, macht die konsequente Anwendung der Alltagsregeln Sinn.

Das Thema Verhalten, Rangbeziehung und „Leadership" ist viel komplizierter, als es hier in Kürze dargestellt werden kann. Wenn Sie bei Ihrem Hund unsicher sind, holen Sie sich bitte kompetenten Rat ein (siehe Ansprechpartner S. 97).

Setzen Sie im Umgang mit dem Hund liebevoll klare Grenzen und und Regeln.

Warnung! Wenn Ihr Hund Sie oder ein Familienmitglied bedroht (durch Knurren oder gar Schnappen), sollten Sie unbedingt den Rat eines Spezialisten einholen. Sie sollten den Hund auf keinen Fall durch z.B. Schläge bestrafen oder ihm mit Gewalt zeigen, wer „der Stärkere" ist. Denn solche Maßnahmen sind zum einen für Sie gefährlich, zum anderen helfen Sie nicht, ein langfristig stabiles Vertrauens- und Führungsverhältnis aufzubauen. Lesen Sie dazu bitte auch das Kapitel „Richtig reagieren" (S. 104 ff.).

Übersicht „Umgangsregeln"

- der Mensch bestimmt über alle Aktivitäten,
- bevor es etwas Angenehmes gibt, muss der Hund erst einen Befehl befolgen,
- häufiges Gehorsamstraining (mit Belohnung, kein „Drill"),
- es gibt nichts vom Esstisch,
- der Mensch bestimmt und beendet i. d. R. das gemeinsame Spiel,
- zwickt der Hund im Spiel, bricht der Mensch das Spiel sofort ab,
- Sitzmöbel sind für problematische Hunde tabu,
- der Hund muss aus dem Weg gehen,
- der Mensch bestimmt über den Platz des Hundes,
- SITZ, bevor der Hund aus der Wohnungstür darf,
- der Mensch bestimmt beim Spaziergang die Richtung und Aktionen,
- mit dem Hund behutsam Berührungen am ganzen Körper üben.

HUND UND FAMILIE

Hunde bereichern unser Leben wie kein anderes Haustier, denn als soziale Lebewesen fügen sich Hunde nahezu perfekt in unser Familienleben ein. Man könnte glatt vergessen, dass sie keine Menschen sind. Und das ist genau der Punkt, warum es im Einzelfall zu Problemen kommen kann. Wir müssen es den Hunden zu Gute halten, dass dank ihrer sozialen Toleranz und Anpassungsfähigkeit das Zusammenleben weitgehend unauffällig vonstatten geht. Dennoch bleibt der Hund ein Canide, er wird im Konfliktfall nicht mit uns diskutieren, sondern drohen oder sogar schnappen oder beißen.

Doch Hunde sind auch keine Wölfe mehr, man sollte also sehr vorsichtig sein, das Wissen über Wölfe so einfach auf den Hund zu übertragen. Hunde haben sich als Domestikationsfolge im Verhalten verändert und ihre Lebensumstände sind mit dem Leben von gefangenen oder wildlebenden Wölfen in einem natürlichen Familienverband überhaupt nicht mehr zu vergleichen. Beobachtungen bei verwilderten Haushunden haben gezeigt, dass Hunde soziale Defizite zeigen, z.B. vermehrt aggressives Verhalten mit Verletzungsfolge. Die Frühreife sowie die im Grunde ganzjährige Paarungsmöglichkeit für Hunderüden spielen eine wesentliche Rolle für die erhöhte Aggressionsbereitschaft (siehe auch Zweithund, S. 64).

Wolfswelpen werden in eine **Hierarchie der Eltern** hineingeboren, die Eltern bestimmen über alle Ressourcen, sie lehren gemeinsam mit den anderen älteren Rudelmitgliedern die Kommunikation und setzen zudem klare Grenzen. Ein weiterer wichtiger Punkt wird ebenfalls erlernt, das Unterscheiden von Familie und Fremden, abhängig vom Alter spielen hier vor allem zwei Verhaltensweisen – bei Wolf wie Hund – eine wichtige Rolle: Angst und Territorialverhalten.

Angst: Wolfswelpen und Jungwölfe lernen, zwischen der eigenen **Familie sowie Bekanntem einerseits und Fremdem/n andererseits** zu unterscheiden, alles Fremde wirkt beängstigend. Auch Hundewelpen zeigen ab der 5. Woche Angst, die jedoch erst ab der 8. Woche beginnt, stärker zu wiegen als die Neugierde. Exakt in diesem Alter sollen Welpen eine neue Familie einer anderen Spezies akzeptieren und alles Fremde – wie Menschen, Tiere insbesondere Hunde, Gegenstände und Maschinen – möglichst tolerieren. Diesem absoluten Toleranzanspruch des Menschen können Hunde nicht immer und nicht in allen Situationen gerecht werden; Welpen finden in der neuen Familie oft auch nicht das feste soziale Gefüge vor, das ihnen ihren sicheren Platz und die nötigen Grenzen zuweist: Sie zeigen daher Angst.

Territorialverhalten: Mit Eintritt der Geschlechtsreife tritt das Territorialverhalten auf, individuell unterschiedlich stark verteidigen Hunde ihr Patchworkrudel und ihr Revier, was bei der hohen Hundedichte in menschlichen Ballungsräumen schwierig werden kann.

Eine Hund-Mensch-Familie konfliktfrei zu managen, heißt: Wir müssen dem Hund die Möglichkeit geben, all das zu lernen, was er für sein Leben mit Menschen wie Hunden braucht, und wir müssen klare Regeln aufstellen, deren Einhaltung überwachen und die Verantwortung dafür übernehmen, dass niemand gefährdet wird.

Hunde sind soziale, also gesellige Tiere, die Familienanschluss suchen. Als Mitglied unserer Gesellschaft brauchen sie neben den Kontakt zu Hunden unbedingt die intensive Betreuung durch den Menschen.

Problem: Vermenschlichung

Hunde sind heute wichtige Familienmitglieder. Wir entwickeln genauso wie zu Familie und Freunden auch eine Bindung zu unserem Hund: Sie alle sind sicherer, verlässlicher Anker für uns, besonders dann, wenn wir Neues oder Stresssituationen erleben. Wir wollen ihnen nahe sein und sind traurig, wenn sie nicht da sind. Dies erklärt, warum das Zusammenleben mit unserem Vierbeiner uns so stabil und glücklich machen kann, aber auch blind: für die „Fehler" unseres Hundes und dafür, dass unser Hund eben doch kein Mensch ist.

Auch Hunde gehen nachweislich eine Bindung zu ein oder mehreren festen Bezugspersonen ein, die sich im Alter von fünf bis zehn Monaten entwickelt. In dieser Zeit sollte ein Hund möglichst nicht von seiner Bezugsfamilie getrennt werden. Es ist eine große Verantwortung, wollen wir unserem Hund immer ein sicherer Partner sein – egal ob dieser sich vor einem Schneemann oder einem Gewitter fürchtet oder von einer wilden Gassigeh-Horde überrannt wird. Als Mensch muss man lernen, ein **guter, verlässlicher Hundeführer** zu werden, dem ein Hund vertrauensvoll durchs Leben **folgen** kann.

Hunde sind ausgeprägte Individuen, es hängt also von ihrer Persönlichkeit, von ihren Lernerfahrungen, der Tagesverfassung und weiteren Faktoren ab, wie sie mit der Unberechenbarkeit des Familienlebens umgehen. Wir empfinden es vielleicht als *lästige Pflicht* jeden Morgen zur selben Zeit für Büro oder Schule aufzustehen, doch dem Hund gibt es *Sicherheit*, wenn er verlässlich jeden Morgen um dieselbe Zeit nach draußen darf. Das Leben ist planbar, auch wenn der Hund kein Wort versteht. Regeln wie „beim Fressen und beim Ruhen werde ich nicht gestört", erfüllen sein Bedürfnis nach Rückzug und Ruhe und helfen, Stress zu vermeiden. Fehlen jedoch feste Gewohnheiten und Regeln, empfinden viele Hunde dies als Chaos. Manche Hunde ziehen sich einfach zurück, einige werden krank oder zeigen Verhaltensänderungen, werden z.B. ängstlich oder aggressiv. Einige versuchen, selber Regeln aufzustellen, indem sie z.B. ein Familienmitglied probehalber in die Schranken weisen, wenn sie sich beim Schlafen, Fressen usw. gestört fühlen. Egal ob der Mensch erschrickt oder ganz ruhig bleibt: Der Hund lernt aus dieser Situation. Man sollte dies also ernst nehmen.

Das Leben als Hund im Menschenrudel bedeutet einen Kompromiss, den der Hund nur dank seiner enormen Lern- und Anpassungsfähigkeit bewerkstelligen kann. Gerade deshalb ist es wichtig, dass sein Mensch die Führung übernimmt, sodass der Hund sich auf ihn verlassen kann.

Darf der Hund auf die Couch?

Die meisten Hunde kann man, wenn man das möchte, unbesorgt auf die Couch lassen. Doch es empfiehlt sich, dem Hund beizubringen, nur auf Kommando hoch zu springen (z.B. nach einem Schlammbad) und sie jederzeit auf Kommando wieder zu verlassen, wenn wir dies möchten. Manche Hunde müssen Rücksicht erst lernen, andere haben die bewundernswerte Fähigkeit, sich „unsichtbar" und „körperlos" zu machen.

Kontaktliegen mit dem Menschen ist für viele Hunde ein wichtiger Bestandteil dessen, sich wohl und geborgen zu fühlen. Besonders kurzhaarige Tiere suchen immer Wärme und Komfort und meiden daher den Fußboden, andere sehen gerne von der Sofalehne aus stundenlang aus dem Fenster. Und viele Hunde liegen nur in Abwesenheit des Menschen auf dessen Platz, der Couch, was aus Hundesicht völlig korrekt ist. Möchte man keine Hundehaare auf dem Sofa haben, sollte man dies dem Hund freundlich beibringen. Sollte ein Hund auf dem Sofa nicht entspannt sein oder dieses z.B. als seinen Platz verteidigen, muss man überlegen, wo das Problem liegt und wie für Abhilfe zu sorgen ist – eventuell mit Hilfe einer Verhaltensberatung.

Auch sehr unbequeme, aber strategisch gute Plätze (von denen aus man z.B. den Haus- oder Garteneingang überwachen kann), sind bei vielen Hunden beliebt. Solange die Hunde dem Menschen nicht im Weg liegen und nicht bei jedem Artgenossen, der vorbeigeht, laut werden, spricht nichts dagegen.

Hunde ohne Chefallüren können auf der Couch schlafen, wenn der Mensch dies duldet. Allerdings ist es sinnvoll, dass der Hund nur mit ausdrücklichen Erlaubnis, z.B. HOPP, auf das Sofa kommen darf.

Die Familie muss zusammenhalten!

Hunde haben den ganzen Tag Zeit, uns zu beobachten. Sie wissen daher genau, dass vielleicht eines der Kinder, z.B. das jüngste, oder die fürsorgliche Großmutter ihre Privilegien gegenüber dem Hund nicht verteidigen. Sobald man bemerkt, dass der Hund einem Familienmitglied demonstrativ nicht folgt, obwohl er die Lektionen gelernt

Hunde nutzen gerne die Abwesenheit des Menschen, um sich auf Bett oder Couch zu legen.

hat, sollte man erzieherisch einschreiten. Wenn ein Hund wagt, ein Familienmitglied oder Besuch knurrend in die Schranken zu verweisen, sollten Sie unbedingt fachkundigen Rat einholen. So eine Situation kann schnell eskalieren. Es gibt auch Hunde, die zum Beispiel Ehepaare „gegeneinander ausspielen", ganz so, wie Kinder dies zu ihrem Vorteil tun. Gibt mir der eine kein Leckerli, gehe ich zum anderen. Lässt sie mich nicht auf die neue Couch, springe ich bei ihm auf den Schoß. Um dies zu vermeiden, ist es ganz wichtig, dass alle Familienmitglieder an einem Strang ziehen und die gleichen Erziehungsregeln befolgen.

Nur wenn alle Familienmitglieder konsequent die gleiche Linie verfolgen wie „am Tisch gibt es nichts für den Hund", bleibt der Frieden gewahrt.

Alleinbleiben müssen Hunde erst lernen

In den ersten Wochen kann man einen Welpen durchaus mit einem Kleinkind vergleichen, das man nicht unbeaufsichtigt lassen sollte. Bisher war er 24 Stunden am Tag mit Mutter und Geschwistern zusammen und jetzt soll er plötzlich in einer neuen Umgebung alleine gelassen werden: Das ist zu viel verlangt.

Da viele Hundehalter zumindest teilweise berufstätig sind, sollten sie für den Welpen nach einem Tagessitter suchen, der mit dem Kleinen alle paar Stunden Gassi geht, und für den Welpen als Spiel- und Schmusepartner Zeit hat, denn Welpen brauchen möglichst viel Kontakt, laut TierschHVO mindestens 4 Stunden täglich.

Hunde mit Trennungsangst folgen ihrem Besitzer überallhin, sogar unter die Dusche.

Üben Sie mit dem Welpen von klein auf das Alleinesein: Erst geht man aus dem Zimmer und kommt sofort wieder, dann steigert man die Zeit und bleibt allmählich Minuten, später Viertelstunden weg.

Trennungsangst

Es ist zwar manchmal ganz angenehm, wenn ein Hund an unserem Rockzipfel hängt. Vor allem im Freien, wo andere Hundebesitzer sich abmühen müssen, um ihren Vierbeiner wieder zurückzurufen. Doch für den Hund ist eine zu enge Bindung nicht gut, sie gründet sich auf der Angst verlassen zu werden. Gerade Second-Hand-Hunde mit Verlusterfahrung neigen dazu. Diese Hunde wollen keine Sekunde von ihrem Menschen getrennt sein und verfolgen ihn buchstäblich wie ein Schatten, sogar bis auf die Toilette.

Doch spätestens dann, wenn Sie z.B. durch Wechsel des Arbeitsplatzes, durch einen Umzug, durch das Ausziehen der Kinder oder bei einem Krankenhausaufenthalt den Hund eben nicht mehr „immer mitnehmen“ können, ist für den Hund die Katastrophe da. Er kann, plötzlich alleingelassen, Panikattacken erleiden, still hecheln oder bellen, jaulen, eventuell Kot und Harn absetzen. Wenn ein Hund an Trennungsangst, so heißt dieses Verhaltensproblem, leidet, sollten Sie dies als schwerwiegende Erkrankung ernst nehmen, die für den Hund mit erheblichem Leidensdruck verbunden ist, und umgehend einen Verhaltenstierarzt zu Rate ziehen.

Auch wenn die meisten erwachsenen Hunde klaglos einige Stunden alleine bleiben, sollte dies nicht die Regel sein. Wer voll berufstätig ist und seinen Hund nicht mit in die Arbeit nehmen kann, sollte sich nach einem Tagesplatz umsehen. Hunde sind soziale Tiere, sie brauchen den Kontakt zum Menschen.

Ein Baby kommt ...

Wenn Sie bereits einen Hund haben, sollten Sie sich bewusst machen: Für Hunde ist es nicht automatisch klar, dass ein Baby ein kleiner Mensch ist. Ein Baby riecht völlig anders, es geht nicht, sondern liegt, und es spricht nicht, sondern gibt fröhliche, oft aber auch weinerliche Laute von sich. Die meisten Hunde tolerieren dies relativ problemlos – zumal, wenn sie in der Sozialisierungsphase die Möglichkeit hatten, Babys kennenzulernen – doch eben nicht alle. Einige Hunde reagieren mit Angst auf das neue Familienmitglied, andere betrachten die Ankunft des Babys als Konkurrenz, dies kann zu einem ernsthaften Problem führen. Hunde müssen daher grundsätzlich lernen: Das Baby ist tabu. Das geht jedoch nicht von selbst: Im Wildhundrudel hält die Mutter die anderen Tiere erst einmal auf Distanz und regelt später, inwieweit die anderen Rudelmitglieder Kontakt zu den Jungen aufnehmen dürfen. Dieses Verhalten können Sie nachahmen: Sie rufen den Hund zu sich und dem Baby, wenn Sie es für richtig halten. Wenn der Hund von sich aus versucht, zum Baby zu gehen, schicken Sie ihn freundlich zurück auf seinen Platz.

Hunde, insbesondere Welpen müssen erst lernen, kurze Zeit alleine zu Hause zu bleiben. Suchen Sie einen Dogsitter, wenn Sie berufstätig sind.

Denken Sie daran, bei einigen Hunden kann vor allem ein schreiendes Baby die Assoziation „Beute“ hervorrufen. Wenn der Hund das Baby keinen Moment aus den Augen lässt, sollte man dies als Warnsignal sehen: Das kann, muss aber nicht gefährlich sein. Holen Sie sich Rat bei einem Verhaltenstherapeuten und **trennen Sie zwischenzeitlich Hund und Baby konsequent**.

Bereiten Sie den Hund rechtzeitig vor

Damit die Ankunft des Babys zu Hause harmonisch verläuft, muss der Hund darauf vorbereitet werden. Überlegen Sie genau, ob der Hund jetzt etwas darf, was Sie nicht mehr dulden möchten, wenn das Baby da ist, zum Beispiel vehemente Knurrspiele oder auf der Couch bzw. im Bett schlafen. Dann sollten Sie ihm rechtzeitig die neuen Spielregeln beibringen und darauf achten, dass Sie diese auch konsequent umsetzen. Dann wird der Hund diese Neuerungen später nicht mit dem Baby in Verbindung bringen. Lesen Sie auch das Kapitel „(S. 43 ff.) unter diesem Gesichtspunkt genau durch.

Gibt es Situationen, in denen Ihr Hund schwierig ist, wie z.B. Pfotenabtrocknen, Bürsten, Futterschüssel wegnehmen, sollten Sie sich Rat holen, **bevor** das Baby da ist. Das Kinderzimmer ist schon tabu, bevor das Baby auf die Welt kommt. Ist das Kleine dann zu Hause, schenkt man dem Hund in Gegenwart des Babys besonders viel Aufmerksamkeit. So verknüpft der Hund das Baby mit den angenehmen Dingen des Lebens wie Spielen und Gassigehen. Dennoch sollte man **das Baby nie alleine mit dem Hund lassen**.

Kleinkinder behandeln Hunde nicht selten wie Plüschtiere: sehr roh.

Hunde erkennen Babys nicht unbedingt als kleine Menschen. Man sollte dem Hund in Gegenwart des Babys besonders viel Aufmerksamkeit schenken und die beiden nie zusammen alleine lassen.

Jedes Kind durchläuft das „Tierquäl-Alter“ ...

Kinder behandeln den Hund im alltäglichen Umgang wie ein anderes Kind. Das bedeutet, sie reden, schmusen und umarmen ihn, aber sie schimpfen ihn auch, stupsen oder zwicken ihn. Der Hund gerät dadurch in eine schwierige Situation und in einen Konflikt, denn wenn er hundegemäß reagiert und dem Kind Grenzen setzt – z.B. durch Knurren – werden die Eltern ihn maßregeln. Nicht selten gehen Eltern davon aus, dass Kinder die „Narrenfreiheit“ der Welpen im Rudel genießen, das stimmt jedoch nicht: Kinder haben keinen automatischen Welpenschutz. Außerdem werden Welpen und

Junghunde durchaus mit Knurren und Schnappen von der Mutter und älteren Hunden in ihre Schranken verwiesen. Diese Fehleinschätzung, „Kindern tut ein Hund nichts“, kann sehr gefährlich werden. Gerade größere Kinder wissen durchaus, dass sie den Hund gepiesackt haben, geben dies den Eltern gegenüber aber ungern zu. Wird der Hund dann für sein Drohverhalten, z.B. Knurren, bestraft, kann dies dazu führen, dass der Hund dann ohne Drohen zuschnappt.

Besonders Kinder im Alter von zwei bis sieben Jahren haben ein ausgesprochen egozentrisches Weltbild und können sich gar nicht bzw. nur schlecht in andere Lebewesen, seien es Menschen oder Tiere, hineinversetzen. Sie können Hundesignale wie Stress-Anzeichen noch nicht lesen. Daher raten Experten dazu, erst dann einen Hund anzuschaffen, wenn das jüngste Kind sieben Jahre alt ist.

Oft ist der Hund aber schon vor den Kindern da, dann sollte man Folgendes beachten: Kinder müssen bis zum Alter von ca. sieben Jahren immer beaufsichtigt werden, wenn sie mit dem Hund „spielen“ und auch ältere brauchen oft noch Anleitung, um respektvoll und rücksichtsvoll mit dem Hund umzugehen. Erst ab ca. 11 Jahren können Kinder erste Verantwortung für ein Tier übernehmen.

Spiel wird gemeinhin als Oberbegriff für jede Interaktion zwischen Kind und Hund verwendet, doch ganz so harmlos geht es nicht immer zu! Ein Spiel kann auch einmal etwas gröber werden: Nicht nur Kinder wollen ihre Grenzen austesten, auch Hunde messen bei Balgereien ihre Kräfte, sie rennen Kinder dabei um, zwicken oder verletzen sie – unabsichtlich – mit den Krallen.

Für Krabbelkinder kann das z.B. bedeuten, den Hund an den Lefzen, den Ohren oder der Rute zu ziehen oder zu versuchen, mit dem Finger in die Hundeaugen zu bohren. Auch „liebevolle“ Umarmungen fallen oft recht grob aus. Das Kind ist deshalb nicht böse, es muss die Welt in diesem Alter auf seine Weise erforschen. Natürlich wird man versuchen, schon dem Kleinkind zu erklären, dass es dem Hund wehtut, wenn man ihn z.B. in die Ohren zwickt. Doch selbst, wenn man dies das Kind am eigenen Leib erfahren lässt, ist dieser Lerneffekt meist nur von sehr kurzer Dauer. Wenige Sekunden später läuft es los, um das nächste „Experiment am lebenden Tier“ zu starten. Gerade weil ein Kleinkind noch unverständig ist, würde man es weder mit brennenden Kerzen noch mit offen herumliegenden scharfen Messern alleine oder unbeobachtet lassen, also auch nicht mit einem Hund.

Wenn Sie möchten, dass Ihre Kinder mit einem Hund aufwachsen, werden Experten Ihnen raten, solange zu warten, bis das jüngste Kind 7 Jahre alt ist.

So vermeiden Sie Probleme

Zum Schutz der Kinder ist es wichtig, dass die Erwachsenen dem Hund von Anfang an signalisieren, dass er sich in der Familie an die Regeln zu halten hat. Über das Privileg, sich mit dem Baby oder Kleinkind zu beschäftigen, verfügen ausschließlich die Eltern.

Liebkosungen durch Kinder fallen oft sehr grob aus: Umarmungen wie hier können auf den Hund bedrängend oder bedrohlich wirken – und dann wehrt er sich!

Oft klappt das Miteinander zwischen Hund und Kind erstaunlich problemlos, aber eben nicht immer. **Nehmen Sie jeden Hinweis auf Probleme ernst,** z.B. jedes Knurren in Gegenwart des Kindes, und versuchen Sie herauszufinden, worin die Ursache liegt. Ist die Situation für Sie unverständlich oder können Sie das Problem nicht vermeiden, sollten Sie sich unbedingt fachkundigen Rat holen. Es gibt Hunde, die sich für das Zusammenleben mit Kindern einfach nicht eignen, auch dies sollten Sie gegebenenfalls möglichst schnell erkennen.

Probleme kann es geben, wenn es aus Hundesicht um etwas sehr Wichtiges geht – die sogenannten Ressourcen, wie Futter, Spielzeug oder den Liegeplatz. Krabbelkinder, die alles in den Mund stecken, kommen den Ressourcen häufig zu nahe. Daher sollten Sie Hundespielzeug und Futternapf nach Gebrauch wegräumen und dem Hund einen kindersicheren Rückzugsort ermöglichen. Dafür eignet sich zum Beispiel ein Raum, ein Trenngitter, welches dem Kleinkind den Zugang zu einem Raum bzw. dem Flur verwehrt. Zieht der Hund sich freiwillig an einen ruhigen Ort zurück, wenn es ihm zu viel wird, sollte man ihn immer loben und unterstützen. Um unnötige Konflikte zu vermeiden, sollte man den Kindern von klein auf Umgangsregeln beibringen, z.B.:

- dass man den Hund immer ansprechen und zu sich rufen muss, also fragen muss, bevor man etwas mit ihm macht, wie ihn anfassen usw.,
- dass man den Hund in Ruhe lassen muss, wenn er einmal nicht kommt,

weil er keine Lust hat und z.B. den Kopf wegdreht,
- dass man den Hund beim Fressen nicht stören darf,
- dass man einen schlafenden oder ruhenden Hund in Frieden lassen muss,
- dass man ihn nicht ärgern darf.

Kinder unter sieben Jahren sind vom Verstand her noch nicht immer in der Lage, rücksichtsvoll mit einem Tier umzugehen. Sie neigen dazu, Hunde zu drangsalieren und zu ärgern. Daher sollte man Kinder unter sieben Jahren nicht mit einem Hund alleine lassen.

Wenn Hunde und Kinder spielen und toben

Wenn Sie Ihrem Hund im Spiel klare Grenzen setzen, wird er diese Grenzen auch den Kindern gegenüber eher akzeptieren. Dennoch, Kinder spielen anders, wilder, sie rennen und schreien mehr als Erwachsene. Kleinkinder kann man im Grunde nicht mit dem Hund alleine lassen. Natürlich gibt es extrem gutmütige, kindererfahrene Hunde, aber auch diese können einmal anders reagieren, zum Beispiel wenn sie Schmerzen haben. Kindern, die schon sicher auf den Beinen sind, sollte man möglichst früh beibringen, wann sie das Spiel mit dem Hund beenden sollten, nämlich wenn es dem Kind zu wild wird oder wenn der Hund nicht mehr mag und z.B. knurrt, den Kopf wegdreht, und wie das geht. Das Spiel- oder Kontaktbeenden sollte man regelmäßig üben, damit es das Kind „aus dem Effeff“ kann, sodass es auch im Schreck, z.B. wenn es hinfällt, automatisch richtig reagiert. Außerdem haben Kinder, die mit einem Hund aufwachsen, oft zu wenig Respekt vor fremden Hunden. Doch gerade im Umgang mit fremden Hunden ist richtiges und vorsichtiges Verhalten wichtig.

Ganz wichtig ist es, dass Kinder erzählen, was sie mit dem Hund erleben. Nur dann können Sie rechtzeitig einschreiten, wenn es Probleme gibt. Ermuntern Sie Ihre Kinder, regelmäßig zu erzählen!

Dass Hund und Kinder manchmal etwas wild spielen, ist normal. Um Erschrecken oder gar Verletzungen zu vermeiden, müssen Kinder lernen, wie sie das Spiel mit dem Hund jederzeit beenden können.

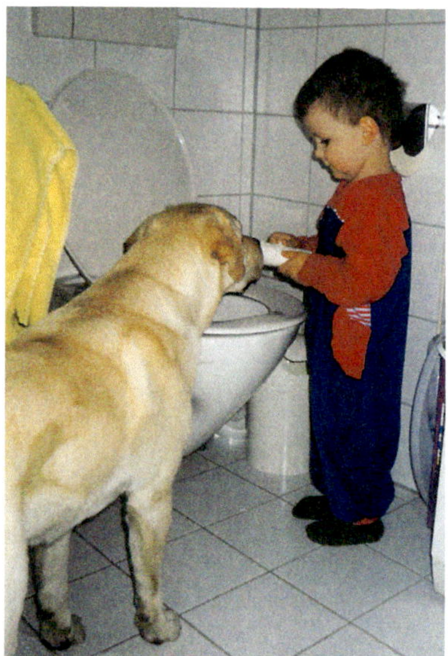

Hund und Kind sollte man immer im Auge behalten.

Spielregeln für Kind mit Hund

Probieren Sie mit Ihren Kindern und deren Spielgefährten die folgenden Situationen hin und wieder als „Trockenübung", denn für Kinder ist es erst einmal nicht klar, was z.B. Ruhigstehenbleiben meint: Das Kind erstarrt schlagartig zur Salzsäule. Das ist eine gute Grundübung, um unerwünschte Verhaltensweisen des Hundes abzublocken. Auch das „Aua"-Rufen muss geübt werden, damit es nicht zu fröhlich wirkt und den Hund zu noch wilderem Spiel animiert. Den Hundepart kann anfangs ein Plüschtier oder eines der Kinder übernehmen. Später kann man den Hund mit einbeziehen oder mit den Kindern eine gut geführte Welpenspielstunde besuchen. Hier sind Kinder – nach Voranmeldung – ausdrücklich erwünscht. Die Eltern haften für ihre Kinder.

Um zu vermeiden, **dass der Hund am Kind hochspringt:** Das Kind soll sich um 180° wegdrehen und stehen bleiben.

Wenn der Hund spielerisch nach der Kleidung oder den Händen des Kindes schnappt: Das Kind soll „Au" rufen, sich eventuell wegdrehen und wieder ruhig stehen bleiben (siehe S. 36).

Wenn ein Rennspiel zu wild wird: Das Kind soll ruhig stehen bleiben.

Wenn ein Kind hinfällt: Das Kind soll ruhig liegen bleiben, das Gesicht zum Boden, und mit den Händen den Hals umfassen. So vermeidet man auch spielerische Verletzungen an den besonders empfindlichen Körperteilen wie Hals und Gesicht, z.B. wenn der Hund das liegende Kind mit der Pfote anstupst. In der Wohnung kann das Kind dann nach einem Erwachsenen rufen. Im Freien sollte es warten, bis es dem Hund zu langweilig wird und er weggeht.

Kinder sollen lernen, Hunde aus der flachen Hand zu füttern – im Stehen.

Vorsicht beim Füttern: Wenn überhaupt, sollten Kinder nur ruhige Hunde mit guter Impulskontrolle füttern. Dabei sollten Kinder das Futter nur auf der flachen, offenen Hand anbieten – wie bei Pferden auch. Dann kann der Hund es vorsichtig nehmen. Fällt Futter auf den Boden, darf man es nicht aufheben: Der Hund ist schneller und könnte dann in die Hand des Kindes schnappen.

Wenn der Hund knurrt: Bringen Sie Ihrem Kind mit einem Plüsch-Hund oder der LernApp BLUE DOG bei, dass es mit Ihrer Unterstützung sofort zu spielen aufhört und sich ruhig verhält, wenn der Hunde Meide- und Warnsignale zeigt.

Ein zweiter Hund kommt in die Familie

Es kann besonders schön sein, zwei Hunde zu haben, es kann aber auch zum ernsthaften Problem werden. Man sollte sich also gut überlegen, ob man sich einen zweiten Hund anschafft. Denn zwei Hunde sind bereits ein kleines „Rudel“, das seinen eigenen Gesetzen folgt. Es gibt nun die Beziehung zwischen den Hunden und die zwischen dem Menschen und jedem einzelnen Hund. Das kann durchaus kompliziert – im Einzelfall auch gefährlich – werden, vor allem dann, wenn der Mensch nicht ganz klar die Regie führt. Nach einer Untersuchung aus den 1990er-Jahren sind sich rund 85 % aller Hundehalter nicht bewusst, dass sie und ihr Hund in einem hierarchischen System leben. Wer sich also für einen Zweithund entscheidet, sollte sich fachkundigen Rat holen und nochmals das Kapitel „Sinnvolle Alltagsregeln“ (S. 43 ff.) lesen.

Sollte zwischen den beiden Hunden ein deutlicher Rangunterschied bestehen, ist die Situation meist klar. Sind die Hunde jedoch z.B. gleich alt oder haben die gleichen Vorlieben, kann es zu Streitigkeiten um Ressourcen wie Futter, Spielzeug, Liegeplätze oder Streicheleinheiten kommen.

Um den Burgfrieden zu wahren, müssen wir Menschen den Zugang zu allen strittigen Ressourcen regeln, z.B. die Hunde immer getrennt füttern oder auch die Plätze – etwa in Nähe des Besitzers – managen. Sie bestimmen z.B., welcher Hund wann, wo genau und wie lange unter Ihrem Schreibtisch oder neben der Couch liegen darf und wo der andere Hund sich unterdessen aufhalten soll – und das 24 Stunden rund um die Uhr. Regeln Sie die strittigen Punkte nicht konsequent oder vergessen Sie einmal, die Hunde zu beobachten, kann es zu Konflikten bis hin zur Beißerei zwischen den Hunden kommen.

Zwischen den Hunden eines Haushaltes gibt es mehr oder weniger deutlich eine Rangbeziehung mit Regelung der Ressourcen.

Hund und Briefträger

Hier handelt es sich um ein ganz typisches Beispiel der unterschiedlichen Perspektive. Der Mensch denkt: Der Briefträger kommt, wirft die Post ein und geht wieder. Für den Hund sieht das so aus: Jeden Morgen erscheint dieser Eindringling und muss vertrieben werden – durch Bellen und am Zaunhochspringen. Bis jetzt klappt das ganz gut, der Eindringling hat sich

Momentaufnahme: Der Husky droht, während sein Gegenüber den Kopf beschwichtigend wegdreht.

noch nie weiter als bis zum Zaun getraut. Als Hundebesitzer sollte man dafür sorgen, dass der Briefträger unbehelligt die Post einwerfen kann. Zum Beispiel behält man den Hund in dieser Zeit im Haus.

Ein Hund, der Menschen prinzipiell stürmisch begrüßt, oder einer, der Herr und Garten bewacht, sollte schrittweise lernen, in Gegenwart eines Fremden wie des Briefträgers ruhig zu sitzen oder zu liegen.

Einige Briefträger haben von sich aus Futter dabei, dies funktioniert jedoch nicht immer gut: Nicht alle Hunde, z.B. wenn sie eigentlich Angst haben oder das Territorium verteidigen, lassen sich durch Leckerlis besänftigen. Umgekehrt werden gefräßige Hunde dadurch regelrecht darauf konditioniert, sich bei jedem Briefträger oder Menschen in Uniform eine Belohnung zu holen.

Wenn Ihr Hund Briefträger nicht mag, sollten Sie ihn vormittags im Haus lassen.

Hund und Besuch

Der Besuch unterscheidet sich vom Briefträger in zwei wesentlichen Punkten, er kommt nicht täglich, dafür kommt er wirklich in die Wohnung und lässt sich also nicht so einfach vertreiben. Zum Beispiel sehr ängstliche Hunde können dann durchaus unangenehm und sogar gefährlich werden. Knurrt der eigene Hund Besucher an oder versucht sie zu stellen, sollte man unbedingt fachkundigen Rat einholen. Bis dahin sollte der Hund sicherheitshalber weggesperrt werden, bevor man die Tür aufmacht, darüber hinaus sollten Sie Ihren Besuch in keiner Situation mit dem Hund alleine lassen.

Falsch! Halten Sie den Hund zur Briefträgerzeit im Haus.

Nicht der Hund, sondern Sie als Hundeführer entscheiden, wer Ihre Wohnung betreten darf und wer nicht. Und Sie entscheiden auch, wie der Gast empfangen wird, ob Sie – nicht der Hund – Ihre Wohnung verteidigen oder ob Sie den Gast freundlich hereinbitten.

Doch auch das Gegenextrem, Hunde die Gäste mit Bellen und Hochspringen aufs Herzlichste begrüßen, sind nicht jedermanns Sache. Hier kann Ihnen eine gute Hundeschule helfen, damit der Hund so gut gehorchen lernt, dass er selbst dann noch SITZ oder PLATZ macht, wenn es an der Tür klingelt.

Sie als Familie entscheiden allein, wie ein Besucher empfangen wird. Wenn ein Hund knurrend auf Gäste reagiert, sollten Sie fachkundige Hilfe suchen.

Bellende Hunde beißen nicht?

Bellen ist nicht gleich Bellen. Ein Hund, der im Spiel den Menschen anbellt, wird nicht beißen. Er kann jedoch nach dem Spielzeug (Ball, Stöckchen, Spielkordel) schnappen, wenn er nicht gut erzogen ist. Und das kann durchaus wehtun. Warnt ein Hund hingegen den Menschen mit Knurren und Bellen, kann er sehr wohl beißen, wenn der Mensch auf seine Warnung nicht angemessen reagiert: Der Hund kann sich dann in die Enge getrieben oder provoziert fühlen und kann vom Bellen und Knurren zum Beißen übergehen.

Bellen kann eine Warnung sein. Erkennt der Mensch dies nicht, wird er unter Umständen gebissen.

Bellen dient der Kommunikation und einige Rassen, zum Beispiel die Bauhunde, wurden sogar zu regelrechten Kläffern gezüchtet: Denn nur der Hund, der ausdauernd und laut bellt, kann von seinem Besitzer im Bau geortet und im Notfall ausgegraben werden.

Unabhängig davon, weshalb ein Hund sich bemerkbar macht, Nachbarn können ein Dauerbellen als sehr störend empfinden. Daher sollte man die ersten Bellversuche des Welpen und halbwüchsigen Hundes nicht begeistert loben, sondern – ganz im Gegenteil – völlig ignorieren oder, wenn das nichts hilft, unterbrechen; denn Ignorieren wirkt nicht bei selbstbelohnendem Verhalten.

Bei Dauerbellern sollten Sie dem Hund mit Hilfe eines Verhaltenstherapeuten ein anderes Verhalten für diese Situationen beibringen und auf keinen Fall ein Anti-Bell-Halsband verwenden.

Bellfreudige Hunde können gerade in einem Mietshaus zur Last für die Nachbarn werden. Man sollte daher möglichst den Anfängen wehren und schon früh mit einem Ruhe-Training beginnen.

Hund und Hundebesuche

Ein Wildhund käme nie auf die Idee, ein anderes Rudel zu besuchen. Die Situation, Hund besucht anderen Hund, ist daher aus Sicht der Vierbeiner nicht immer leicht zu lösen. Am einfachsten geht es mit Hunden, die sich von klein auf, z.B. von der Welpenspielstunde her, kennen und kein territoriales Verhalten zeigen. Ein Garant ist selbst das nicht. Denn die Begegnung findet eben nicht an neutralem Ort statt, sondern im Territorium des einen Hundes. Auch vertraute Hunde können Auseinandersetzungen führen, wenn es um wichtige Ressourcen geht. Noch schwieriger wird es mit einem unbekannten Hund. Wenn ein fremder Hund zu Besuch kommen will, sollte das erste Zusammentreffen auf neutralem Terrain stattfinden. Haben sich der fremde und der eigene Hund etwas kennengelernt, kann man gemeinsam ins Haus und in die Wohnung gehen. Achten Sie darauf, dass Sie die Regie führen, am besten lassen Sie im Haus keinen Kontakt zwischen den Hunden zu, sondern lassen die Hunde in ausreichendem Abstand PLATZ machen und behalten beide konsequent im Auge, dann herrscht Ruhe. Vorausgesetzt, beide Hunde haben das Kommando PLATZ verlässlich gelernt. In dieser Situation sollte man beide besser weder mit Kauknochen noch mit Spielzeug beschäftigen, da dies Auslöser für Konflikte sein könnten.

Aus Hundesicht ist der Besuch eines anderen Rudels eine höchst unnatürliche Angelegenheit und birgt daher durchaus das Risiko einer Rauferei. Daher sollte man Hundebesuche, wenn möglich, besser vermeiden.

Die Jagd im Treppenhaus

Im Treppenhaus sollte man seinen Hund grundsätzlich an der Leine führen. Denken Sie daran, dass Kleinkinder, gebrechliche Menschen, jemand, der Angst vor Hunden hat, oder ein anderer Hund ebenfalls im Treppenhaus sein könnten. Außerdem könnte die Haustür offenstehen, sodass der vorauseilende Hund unbeaufsichtigt auf die Straße laufen könnte. Wohnt noch ein Hund im Haus, sollte man im Freien abklären, ob die beiden Hunde friedlich miteinander auskommen können. Besonders Rüden empfinden einen gleichgeschlechtlichen Mitbewohner unter Umständen als Provokation. Dann sollte man das Problem mit den Nachbarn in aller Ruhe besprechen und nach einer Lösung suchen, zum Beispiel kurz anrufen, bevor man an der Wohnungstür des anderen vorbeigeht.

Im Treppenhaus sollte der Hund möglichst immer angeleint gehen, um niemanden zu erschrecken oder zu gefährden.

Im Treppenhaus führt man Hunde an der kurzen Leine, die Hand fürs Geländer sollte frei bleiben.

DER HUND IN DER ÖFFENTLICHKEIT

Guter Eindruck

Stellen Sie sich ein gemütliches Picknick in herrlicher Landschaft vor. Plötzlich kommt ein fremder Hund, frisst die Wurstbrote und setzt seinen Haufen direkt neben Ihrem Picknickkorb ab. Eine schöne Bescherung!? Hunde können durchaus Ärger erregen und andere belästigen. Ob sich Ihre Umwelt über Ihren Hund und über Sie als Halterin oder Halter ärgert oder ob Sie mit Ihrem Vierbeiner in der Öffentlichkeit gerne gesehen sind, liegt in Ihrer Hand. Höflichkeit und Rücksichtnahme sollten daher generell das Verhalten von Hundehaltern in der Öffentlichkeit bestimmen. Bitte berücksichtigen Sie, dass viele Menschen Angst vor Hunden haben. Auch ohne dass Ihr Hund aggressiv ist, kann er andere Menschen ängstigen, belästigen oder sogar gefährden, wenn Sie nicht aufpassen. Halten Sie Ihren Hund daher unter Kontrolle, damit er nicht vor Fahrräder rennt, Jogger zu Fall bringt, Passanten anspringt oder Kinder erschreckt. Ein Hund, der gut gehorcht, in Ihrer Nähe bleibt und andere weder belästigt noch gefährdet, macht keinen Ärger. Das Entfernen des Hundekots gehört selbstverständlich ebenso zu einem rücksichtsvollen und umsichtigen Verhalten gegenüber der Umwelt. So leisten Sie einen wichtigen Beitrag für eine hundefreundlichere Gesellschaft.

Halterverantwortung und Kontrolle

Das oberste Gebot lautet: Sie müssen Ihren Hund in der Öffentlichkeit immer unter Kontrolle haben. Was heißt das? Wenn Ihr Hund ganz sicher gehorcht, können Sie ihn durch Rückruf und „BEI FUSS“ in einer Problemsituation in Ihrer Nähe halten. Klappt der Gehorsam nicht zuverlässig, müssen Sie ihn an die Leine nehmen. Im Straßenverkehr, wenn kleine Kinder in der Nähe sind und in unübersichtlichen Situationen gehört der Hund generell an die Leine.

Höflichkeit und Rücksichtnahme sollten das Verhalten des Hundehalters in der Öffentlichkeit bestimmen. Sie müssen Ihren Hund draußen immer unter Kontrolle haben.

Als rücksichtsvoller Hundehalter entfernt man die Hinterlassenschaften seines Vierbeiners.

Um Probleme zu vermeiden, sollten Sie wissen, in welchen Situationen Hunde generell leicht außer Kontrolle geraten können.

Jagdverhalten

Auch wenn Ihnen Ihr Hund ganz friedlich und „zivilisiert" erscheint, dürfen Sie ihn nicht unterschätzen: In Ihrem Hund steckt nämlich noch das Erbe des Wolfes! Denken Sie daran, dass zum Lebensunterhalt des Wolfes das Jagen und Töten von Beutetieren gehört. Auch bei Ihrem Hund ist dieses Jagdinteresse immer noch (mehr oder weniger stark) vorhanden. Es gibt vielfältige Situationen, in denen das Jagdverhalten des Hundes ausgelöst werden kann: durch Wild- und Haustiere, aber auch durch Menschen in Bewegung.

Wildtiere

Egal, ob es sich um Vögel (Krähen, Tauben, Enten usw.), Kaninchen, Rehe, Igel oder Mäuse handelt: Sie müssen verhindern, dass Ihr Hund ein anderes Tier hetzt, verletzt oder gar tötet. Auch wenn Ihr Hund kein erfolgreicher Jäger ist, sondern Wildtiere „nur" aufscheucht und ihnen hinterherläuft, ohne die Chance sie zu erwischen, ist dies ein „Hetzen", das verboten ist und das für die Opfer schlimme Folgen haben kann. Abgesehen von der Angst, die ein verfolgtes Tier empfindet, verbraucht es bei der Flucht viele Kräfte, die es z.B. im Winter bei schlechter Ernährungslage kaum wieder aufholen kann. Bedenken Sie auch, dass dieses Verhalten des Hundes noch viel weitreichendere Folgen haben kann. Wenn der Hund im blinden Jagdeifer auf eine befahrene Straße läuft, kann das Menschenleben kosten! Ihr Hund muss beim Spaziergang im Park, auf dem Feld oder im Wald bei Ihnen in der Nähe und immer unter Kontrolle sein. Wenn Sie dies beherzigen, handeln Sie nicht nur rücksichtsvoll gegenüber den gefährdeten Tieren, sondern schützen auch Ihren Hund. Denn ein wildernder Hund darf vom Jäger erschossen werden (siehe S. 118). Wenn Sie wissen, wann Ihr Vierbeiner seine gute Erziehung vergisst und nicht mehr auf Ihren Rückruf reagiert, z.B. sobald er eine Beute wittert, dann nehmen Sie ihn in Gegenden, in denen Wild vorkommt, lieber an die (lange) Leine.

Verhindern Sie, dass Ihr Hund Wild hetzt. Bei zwei Hunden muss man besonders aufpassen.

Verhindern Sie, dass Ihr Hund Wild beunruhigt, hetzt oder jagt. Halten Sie Ihren Hund im Wald, Park oder auf dem Feld unter Kontrolle. Wenn Ihr Hund zum Hetzen oder Wildern neigt, führen Sie ihn an der (langen) Leine, wenn Sie nicht sicher sind, ob Wild in der Nähe ist.

Haustiere

Auch Haustiere können Jagdverhalten auslösen. Besonders häufig werden Katzen von Hunden gehetzt. Zu den möglichen „Opfern" des Beuteverhaltens zählen aber auch Hühner und anderes Hausgeflügel, Schafe, Schweine und sogar so große Tiere wie Kühe oder Pferde. Wenn Sie einen Spaziergang durch ein Dorf machen, an Viehweiden vorbeikommen oder einem Reiter begegnen, sollten Sie daher auf der Hut sein und Ihren Hund in der Nähe behalten. Am besten nehmen Sie ihn an die Leine.

Seien Sie auf der Hut, wenn Katzen, Hühner, Kühe oder Pferde in der Nähe sind, und behalten Sie Ihren Hund dicht bei sich, am besten an der Leine.

Menschen in Bewegung

Hunde jagen – ebenso wie Wölfe – hauptsächlich fliehendes Wild. Bewegte Menschen oder Objekte werden von vielen Hunden als fliehende Beutetiere missverstanden und daher gejagt. So kann es sein, dass Jogger, Radfahrer, Skateboard-Fahrer, Rollerblade-Fahrer, sogar Autos, Motorräder oder Straßenbahnen, aber auch rennende und spielende Kinder Jagdverhalten bei Ihrem Hund auslösen können – mit fatalen Folgen! Es kann beispielsweise zu schweren Bissverletzungen kommen. Wenn durch Ihren Hund ein Radfahrer stürzt oder ein Autounfall provoziert wird, kann dies Menschenleben kosten. Seien Sie daher vorsichtig und umsichtig, wenn Sie sich mit Ihrem Hund in der Öffentlichkeit bewegen. Nehmen Sie Ihren Hund im Straßenverkehr an die Leine. Rufen Sie ihn und halten Sie ihn in Ihrer Nähe, wenn Ihnen Radfahrer, Jogger usw. begegnen. Manch ein Hund kann es übrigens auch als Angriff missverstehen, wenn man auf ihn zurennt und könnte deshalb aggressiv reagieren. Wenn man als Jogger von einem Hund verfolgt oder angebellt wird, sollte man am besten stehen bleiben oder langsam weitergehen und den Blick abwenden.

Vorsicht bei bewegten Menschen oder Objekten (Jogger, Radfahrer, spielende Kinder, Autos usw.). Rufen Sie Ihren Hund und halten Sie ihn in Ihrer Nähe. Nehmen Sie ihn am besten zur Sicherheit an die Leine!

Wenn ein Jogger kommt, nehmen Sie Ihren Hund besser bei Fuß oder an die Leine.

Die Leine wird leicht zum Fallstrick, wenn man nicht aufpasst.

Gefahren durch Unachtsamkeit

Sporttreibende Mitmenschen sind nicht nur durch jagende Hunde gefährdet. Auch ein friedlicher Hund ohne Jagdambitionen kann Jogger zum Stolpern und Radfahrer zu Fall bringen, wenn er ihnen in die Quere kommt. Mit einem interessanten Geruch in der Nase läuft manch ein Hund kreuz und quer über den Weg, ohne auf entgegenkommenden „Verkehr" zu achten. Sogar das Führen an der Leine gibt hier keine Sicherheit, wenn der Hundehalter mit seinen Gedanken nicht bei der Sache ist, sondern beim Spaziergang träumt oder in ein interessantes Gespräch vertieft ist. So kann auch ein Zwergdackel folgenschwere Unfälle verursachen, wenn sich seine Flexileine quer über den Weg spannt und so Menschen stolpern lässt und zu Fall bringt. Seien Sie bitte deshalb beim Spaziergang aufmerksam und behalten Sie Ihren Vierbeiner und Ihre Umgebung im Auge. Achten Sie darauf, dass Ihr Hund nicht versehentlich vor Passanten läuft. Falls Sie ihn an einer längeren Leine führen, sorgen Sie dafür, dass diese nicht zum Fallstrick wird.

Ihr Hund kann auch gefährliche Unfälle verursachen, wenn er plötzlich vor Radfahrer oder Jogger läuft oder sich seine Leine quer über den Weg spannt.

Der Hund im Straßenverkehr

Gesetzt den Fall, Ihr Hund ist vorbildlich erzogen und absolut gehorsam. Würden Sie Ihre Hand dafür ins Feuer legen, dass er trotzdem nicht ausnahmsweise einmal auf die Straße läuft? Auch wenn Ihr Hund zuverlässig am Bordstein SITZ macht und auf Sie wartet, sollten Sie sich nicht hundertprozentig darauf verlassen. Ein Tier ist

Auch ein gehorsamer Hund könnte in dieser Situation auf die Straße laufen.

ein Lebewesen und reagiert nicht immer so, wie Sie es erwarten würden. Wenn Ihr Rüde auf der anderen Straßenseite eine läufige Hündin bemerkt (oder auch nur deren Geruch in die Nase bekommt) oder eine Katze sieht, gibt es für ihn womöglich kein Halten – dann kann man von Glück sagen, wenn Sie ihn angeleint und daher unter Kontrolle haben. Die Motivation eines Hundes zum Sozialkontakt, insbesondere aus sexuellem Interesse, aber auch zur Beutejagd ist groß. Ein Artgenosse, eine läufige Hündin oder ein Beutetier auf der anderen Straßenseite können die Ursache dafür sein, warum ein Hund über eine Hauptverkehrsstraße läuft, wobei er nicht nur selbst verletzt wird, sondern auch einen Massenunfall provozieren kann, womöglich mit Todesfolge. Führen Sie Ihren Hund im Straßenverkehr daher unbedingt sicherheitshalber an der Leine. Achten Sie außerdem darauf, dass die Leine nicht so lang ist, dass Ihr Vierbeiner trotzdem noch auf den Radweg oder auf die Fahrbahn laufen kann (Vorsicht mit Flexileinen).

Führen Sie Ihren Hund im Straßenverkehr immer an der Leine. Auch auf ein gehorsames Tier ist kein hundertprozentiger Verlass. Tiere können immer einmal unvorhersehbar reagieren.

Begegnung mit „außergewöhnlichen Menschen“

Hoffentlich hat Ihr Hund in seinem Leben bereits viele verschiedene Menschen und Umweltsituationen kennengelernt. Dies ist besonders in der Sozialisierungsphase wichtig (siehe S. 6 ff.).

Trotzdem kann es passieren, dass Ihr Vierbeiner bei einer außergewöhnlichen Erscheinung unsicher und sogar aggressiv reagiert. Alle Personen mit ungewohntem Aussehen oder auffallenden Bewegungen oder Geräuschen können das Misstrauen Ihres Hundes erregen, so z.B. Personen in Motorradmontur, Faschingsverkleidung, mit auffälligen Hüten oder Eskimokapuze, Menschen im Rollstuhl oder mit Krückstock, Wanderer mit Rucksack, Kinder mit Luftballons, Betrunkene usw. Seien Sie daher in solchen Fällen darauf gefasst, dass Ihr Hund unvorhergesehen reagieren könnte. Damit niemand erschreckt oder gar verletzt wird, sollten Sie dafür sorgen, dass Ihr Hund in Ihrer Nähe bleibt, gegebenenfalls an der Leine läuft.

Manche Hunde erschrecken sich vor Menschen mit ungewöhnlichem Aussehen oder auffallenden Bewegungen und reagieren dann mit Bellen, Knurren, Schnappen oder Flucht. Nehmen Sie Ihren Hund vorsichtshalber in Ihre Nähe und an die Leine.

Hunde und Kinder

Es gibt viele Beispiele von Kindern und Hunden, die die besten Freunde sind. Leider gibt es aber auch Fälle von schrecklichen Verletzungen bei Kindern, die von Hunden verursacht wurden. Warum birgt die Kombination von Kind und Hund so viele Gefahren? Dies liegt zum einen daran, dass sowohl (kleinere) Kinder als auch Hunde ihr Verhalten nicht bewusst steuern und kontrollieren können und in ihren Reaktionen unberechenbar sind. Zum anderen sprechen

So unterschiedlich können Menschen aussehen.

Ihr Hund könnte das Kleinkind belästigen oder gefährden. Halten Sie ihn an der kurzen Leine. Noch besser wäre es, wenn der Hund auf der abgewandten Seite geführt würde.

Kinder und Hunde eine unterschiedliche Sprache und können sich gegenseitig nicht richtig einschätzen. Viele Kinder zeigen einem Hund ihre Zuneigung, indem sie laut rufend zu ihm rennen, ihn drücken und umarmen wollen. Viele Hunde sehen in diesem Verhalten einen Angriff und wehren sich mit ihren Mitteln, wozu auch der Einsatz der Zähne gehört. Daher ist es so gefährlich, wenn Hunde und Kinder alleine, ohne Aufsicht eines Erwachsenen, miteinander Kontakt aufnehmen (siehe S. 58 ff.). Darüber hinaus ist auch zu bedenken, dass Kinder sehr laut sein können. Und sie bewegen sich gerne sehr schnell und ruckartig, sei es zu Fuß (Rennen und Hüpfen), beim Inlinerskaten oder auf dem Dreirad. Dieses Verhalten kann einen Hund nicht nur erschrecken, sondern es kann auch Jagdverhalten auslösen. Das ist ganz besonders gefährlich, weil zum Jagen nicht nur das Hinterherlaufen gehören kann, sondern evtl. auch das Beißen. Gehen Sie deshalb lieber auf Nummer Sicher, wenn Ihnen und Ihrem Hund Kinder begegnen. Lassen Sie Ihren Hund nie mit Kindern alleine. Wenn fremde Kinder Ihren Hund streicheln möchten und Sie wissen, dass er es mag, ist es am besten, wenn Sie dabeistehen und den Hund am Halsband festhalten. Kommen Ihnen beim Spaziergang Kinder entgegen, im Kinderwagen, zu Fuß, auf dem Dreirad oder Roller usw., rufen Sie Ihren Hund bitte rechtzeitig zu sich und nehmen ihn an die Leine. Am besten führen Sie den Hund an der vom Kind abgewandten Seite und lassen ihn SITZ oder PLATZ machen, bis das Kind vorbeigegangen ist. Wenn Sie an Kindergärten, Spielplätzen oder Schulen vorbeigehen, sollten Sie Ihren Hund ebenfalls vorsorglich an der Leine führen, auch wenn Sie davon überzeugt sind, dass er nichts tun würde, und auch, wenn noch gar kein Kind zu sehen ist.

Besondere Vorsicht ist geboten, wenn sich Hunde und Kinder begegnen. Nehmen Sie Ihren Hund in der Nähe von Kindergärten, Schulen und Spielplätzen vorsorglich an die Leine. Wenn Sie Kindern begegnen, egal ob im Kinderwagen, Buggy, auf dem Dreirad oder zu Fuß, müssen Sie Ihren Hund in Ihrer Nähe halten. Sicherheitshalber halten Sie ihn dabei am Halsband fest oder nehmen ihn an die Leine.

Territoriales Verhalten

Sie sitzen im Café, Ihr Hund liegt brav unter dem Tisch. Der Kellner kommt zu Ihnen, um die Bestellung aufzunehmen. Bleibt Ihr Hund ruhig liegen? Viele Hunde können in dieser Situation aggressiv reagieren, bellen, knurren oder sogar schnappen. Ähnliches kann Ihnen im Biergarten passieren oder auch auf der Liegewiese. Dieses Verhalten kann man als „territorial" bezeichnen. Ihr Hund meint, den Platz (sei es der Tisch im Café oder die Decke auf der Liegewiese) gegen Eindringlinge verteidigen zu müssen. Viele Hunde zeigen dieses aggressive Verhalten auch zu Hause, in Wohnung, Haus, Garten und der näheren Umgebung, also wirklich im „eigenen Territorium". Manch ein Hund einer Etagenwohnung zählt das gesamte Mietshaus einschließlich Hofplatz zu seinem Revier. Andere Mieter oder deren Besucher werden dort als Eindringlinge angesehen und eventuell bedroht oder sogar angegriffen. Das Verhalten von Hunden ist somit deutlich **ortsabhängig**. Berücksichtigen Sie also, dass ein Hund an Orten, die er als sein „Territorium" ansieht, aggressiv reagieren könnte. Halten Sie ihn daher bitte in folgenden Situationen am besten an der Leine, damit Sie ihn rechtzeitig zurückhalten können: In der Nähe Ihrer Wohnung, im Treppenhaus, im Hofraum, in der Nähe Ihres Hauses, in Lokalen, auf Liegewiesen usw. Wenn Sie im Biergarten, Restaurant oder beim Picknick auf der Wiese sitzen, verlangen Sie am besten von Ihrem Hund, dass er sich hinlegt und vor allem auch liegen bleibt, wenn sich jemand Fremdes nähert. Manche Hunde zeigen dieses aggressive Verhalten übrigens auch, wenn sie im Auto sitzen und sich ein Unbekannter nähert, oder wenn sie meinen, auf dem Campingplatz das Zelt oder den Wohnwagen verteidigen zu müssen. Was ist zu tun, wenn Ihr Hund knurrt, aggressiv bellt oder sogar Passanten anfallen will? Sie dürfen ihn dann weder beruhigen noch bestrafen, sondern müssen ihn wortlos wegführen. In Zukunft sollten Sie das Problem gezielt angehen und ganz viel mit Ihrem Hund üben, am besten unter Anleitung eines Spezialisten. Lesen Sie dazu bitte das Kapitel „Richtig reagieren" (S. 104).

Ein aggressiver Hund kommt nicht gut an ...

Ein freundlicher Hund macht beliebt.

An allen Orten, die Ihr Hund als sein Territorium ansieht, sollten Sie auf Nummer Sicher gehen. Lassen Sie Ihren Hund hier lieber an der Leine, zum einen zur Gefahrvermeidung, zum anderen aus Rücksicht auf Ihre Mitmenschen, um Belästigungen zu vermeiden.

Der angebundene Hund

„Hunde müssen draußen bleiben“ steht an vielen Einkaufsläden. Wenn Sie Ihren Hund vor einem Geschäft anbinden und dort alleine lassen, können jedoch Gefahrensituationen entstehen. Manche Hunde reagieren bereits aggressiv, wenn Passanten an ihnen vorbeigehen. Dies kann besonders problematisch sein, wenn ein Hund direkt am Eingang eines Supermarkts angebunden ist. Ist Ihr Hund ein Kinderfreund? Ansonsten kann er sich leicht von einer Schar Schulkinder, die vorbeiläuft, bedroht fühlen und aggressiv reagieren. Viele Kinder gehen auf unbekannte Hunde zu, um sie zu streicheln oder zu umarmen. Der arme, einsame Hund vor dem Supermarkt wird bedauert und getröstet. Viele Hunde fühlen sich dabei jedoch beengt oder bedroht und reagieren entsprechend mit Bellen, Knurren oder Schnappen. Das kann schlimme Folgen für die Kinder haben. Weder den Hund noch die Kinder trifft eine Schuld. Sie als Halter haben jedoch die Aufsichtspflicht und müssen dafür sorgen, dass Ihr Hund keinen Schaden anrichten kann. Ein Biss ist ein Schaden, der sich nie wieder gut machen lässt! Beachten Sie bitte, dass auch ein freundlicher Hund andere Menschen erschrecken, belästigen oder sogar gefährden kann, indem er an ihnen hochspringt. Auch mit anderen Hunden kann es Probleme geben, z.B. wenn ein Rüde vor einem Geschäft angebunden ist und ein anderer Rüde in seine Nähe kommt. Am besten ist es, wenn Sie Ihren Hund gar nicht alleine vor einem Geschäft lassen.

Ein Hund, der alleine vor einem Geschäft warten muss, kann gefährlich reagieren, z.B. wenn er bedrängt wird. Sie haben die Situation nicht unter Kontrolle, daher lassen Sie Ihren Hund hier nicht unbeaufsichtigt alleine.

Lassen Sie Ihren Hund nicht unbeaufsichtigt vor dem Laden.

Ihr Hund wird leicht zum Ärgernis für andere, wenn Essbares im Spiel ist.

Verlockendes Essen

Picknick im Grünen, Grillen im Freien, Imbiss auf der Wiese oder Eisessen auf der Parkbank – welcher Hund würde da nicht gerne mitmachen? Essende Menschen sind eine große Verlockung für die meisten Hunde, die dann leicht zu einer Belästigung werden können. Plötzlich hören sie nicht mehr auf den Ruf ihrer Besitzer, sondern laufen zum Picknickkorb oder bedrängen das Kleinkind mit der Eistüte. Bedenken Sie, dass sich viele Mitmenschen durch dieses Verhalten bedroht fühlen. Halten Sie daher Ihren Hund in Ihrer Nähe, wenn Sie Menschen mit Esswaren begegnen.

Picknickdüfte locken auch Ihren Hund herbei, zum Leidwesen Ihrer Mitmenschen. Halten Sie ihn deshalb unter Kontrolle.

„Benimmregeln" in der Öffentlichkeit

Es gibt viele Menschen, die nicht Ihre Begeisterung über Hunde teilen, sondern Angst vor den Vierbeinern haben oder sie einfach nur unangenehm finden. Auch wenn Sie diese Einstellung nicht gutheißen, so müssen Sie sie doch respektieren und entsprechend handeln. Wenn Ihr Hund andere Menschen aus reiner Freude anspringt, kann dies für die Betroffenen unangenehm sein. Der gute Mantel wird dreckig, nicht jeder lässt sich gerne das Gesicht von einem Hund ablecken, und außerdem besteht die Gefahr, dass eine zierliche Person vom Hund versehentlich umgeworfen oder zumindest sehr erschreckt wird. Aber auch ein wohlerzogener Hund kann Passanten ängstigen, z.B. wenn er zufällig nah an ihnen vorbeiläuft. Es ist eine Frage der **Rücksichtnahme**, grundsätzlich den Hund zu sich zu rufen und in der Nähe zu halten, wenn man einer anderen Person begegnet. So haben Sie jede Situation unter Kontrolle, vermeiden Gefahren und Belästigungen.

Es ist ein Gebot der Rücksichtnahme, dass Sie Ihren Hund heranrufen und in Ihrer Nähe halten, wenn Sie anderen Menschen begegnen, denn viele Mitmenschen haben Angst vor Hunden oder fühlen sich leicht durch sie belästigt.

Begegnung mit anderen Hunden

Wie Sie sich verhalten sollen, wenn Ihr Hund Artgenossen begegnet, lässt sich schlecht verallgemeinern. Hunde mit normalem Sozialverhalten kommen in der Regel bestens miteinander aus. Imponieren und Kräftemessen ist dabei ganz normal. Am besten halten Sie sich ebenso wie die Halter des anderen Hundes aus den Rangeleien heraus. Wenn Ihr Hund zur Unverträglichkeit mit Artgenossen neigt, vielleicht sogar bereits einen anderen Hund verletzt hat, dürfen Sie ihn selbstverständlich nicht raufen lassen. Hier gilt die Grundregel, vorausschauend zu handeln und es gar nicht erst zu einer Auseinandersetzung kommen zu lassen. In den Kapiteln „Wie verhalte ich mich bei drohenden Konflikten“ (S. 98 ff.) und „Richtig reagieren“ (S. 104 ff.) lesen Sie, wie man sich am besten verhält. Für unverträgliche Hunde ist ein Verhaltenstraining sehr empfehlenswert. Nehmen Sie dazu die professionelle Hilfe eines Spezialisten in Anspruch (siehe S. 97). Aus dem täglichen Spaziergang soll nämlich kein täglicher Schrecken für Sie und Ihre Umgebung werden.

Auch wenn Sie einen Hund einer kleinen Rasse besitzen, ist dieser ein vollwertiger Hund. Er braucht genauso die Möglichkeit, ohne Leine mit Artgenossen Kontakt aufzunehmen wie andere Hunde auch. Seien Sie daher nicht überängstlich. Nehmen Sie Ihren kleinen Hund nicht ständig auf den Arm, wenn Ihnen ein anderer Hund begegnet. Der Kleine lernt bzw. übt sonst nicht das richtige Sozialverhalten und könnte denken, er sei großen Hunden immer überlegen.

Andere Hunde an der Leine

Ihnen kommt im Park jemand mit einem Hund an der Leine entgegen. Ihr Hund läuft frei. Was sollten Sie tun? Prinzipiell ist zu beachten, dass es besser ist, wenn Hunde nicht mit, sondern ohne Leine Kontakt aufnehmen können. So besteht für beide Tiere die Möglichkeit, sich gegebenenfalls auszuweichen und sich zu unterwerfen. An der Leine verhalten sich viele Hunde aggressiver als sonst, da sie sich mit ihrem Besitzer am anderen Leinenende doppelt so stark fühlen wie alleine oder aber, weil sie unsicherer sind, da sie nicht ausweichen können. Wenn Sie einem anderen angeleinten Hund begegnen, können Sie nicht wissen, ob es sich vielleicht um ein unverträgliches, läufiges oder sogar krankes Tier handelt. Daher sollten Sie Ihren Hund vorsichtshalber rechtzeitig zu sich rufen und ihn nur nach Absprache mit dem anderen Besitzer zu dessen Hund gehen lassen.

Wenn Sie einen angeleinten Hund sehen, sollten Sie Ihren Hund in Ihrer Nähe halten und am besten ebenfalls anleinen.

Spaziergang mit zwei oder mehreren Hunden

Ein Spaziergang erfordert bereits bei einem einzelnen Hund viel Aufmerksamkeit und Rücksichtnahme. Sehr viel schwieriger ist es jedoch, im Freien zwei oder mehrere Hunde im Griff zu haben. Will man zwei Hunde gleichzeitig von der Leine lassen, ist deren guter Gehorsam die wichtigste Voraussetzung. Denn Sie haben bei zwei Hunden keine so guten Möglichkeiten, auf den einzelnen Hund einzuwirken. Beschäftigen Sie sich mit dem

Egal, wer Ihnen begegnet: Aus Rücksicht sollten Sie Ihren Hund zu sich nehmen.

einen (Heranrufen, SITZ machen oder FUSS gehen lassen), ist der andere nicht unter Kontrolle. Nicht selten kommt es leider vor, dass eigentlich recht gehorsame Hunde zu zweit gar nicht mehr gut hören. Die Hunde können sich zusammen sehr selbstständig verhalten, weil sie sich nicht an Ihnen, sondern aneinander orientieren. Miteinander befreundete Hunde (z.B. zwei Hunde eines Haushaltes) gehen dann womöglich gemeinsam auf Hetzjagd nach einem Kaninchen oder greifen einen fremden einzelnen Hund an, der ihnen begegnet. Denn zusammen fühlen sich befreundete Hunde häufig stärker als allein und verhalten sich eventuell aggressiver, als Sie es von ihnen erwarten würden. Damit Sie zwei Hunde draußen unter Kontrolle haben, müssen Sie mit jedem einzeln intensives Gehorsamstraining machen. Dabei soll der jeweils andere z.B. an der Leine darauf warten, bis er an der Reihe ist. Lassen Sie beide Hunde nur miteinander frei laufen, wenn Sie sicher sind, dass nichts passiert. Nehmen Sie abwechselnd mal den einen, mal den anderen an die Leine. Erlauben Sie nur dem gerade frei laufenden der beiden, mit fremden Hunden Kontakt aufzunehmen.

Nehmen Sie Ihren kleinen Hund nicht immer hoch, sonst hält er sich für den „Größten"!

Es ist schwierig, alleine mit zwei Hunden spazieren zu gehen und sie ohne Leine laufen zu lassen. Lassen Sie die beiden nur gleichzeitig von der Leine, wenn Sie ganz sicher sind, dass sie niemanden gefährden und alle beide sicher auf Ihren Rückruf gehorchen.

Wie verhalte ich mich in verschiedenen Situationen?

A. Wohin darf ich meinen Hund gar nicht mitnehmen?

- Auf Kinderspielplätze, in Kindergärten, in Schulen.
- Auf Sportplätze.
- Bei Gedränge in einer Menschenmenge (z.B. bei einer Kundgebung oder Demonstration).

Beachten Sie bitte: Kinderspielplätze und Sportplätze sind für Hunde generell tabu, auch wenn sich darauf gerade keine Kinder bzw. Sporttreibenden aufhalten!

Begegnet Ihnen ein anderer Hund an der Leine, leinen Sie Ihren Hund besser auch an.

B. Wann muss mein Hund in meiner Nähe sein?

- Immer, wenn mir andere Menschen begegnen.
- Insbesondere, wenn mir Jogger, Radfahrer, Rollerblader etc. begegnen.
- Insbesondere, wenn mir Kinder begegnen. Hier halte ich den Hund sicherheitshalber am Halsband fest oder nehme ihn vorsorglich an die Leine.
- Wenn ich an essenden Menschen, z.B. auf einer Liegewiese, vorbeikomme.
- Wenn ich auf andere Tiere treffe (Haus- und Wildtiere, z.B. Pferde, Katzen, Kaninchen, Vögel usw.).
- Wenn ich einen anderen Hund an der Leine treffe.

C. Wann muss ich meinen Hund an der Leine führen?

- Wenn der Hund in den oben genannten Situationen nicht sicher gehorcht.
- In Treppenhäusern, Fluren, Fahrstühlen.
- In der Nähe meines Wohnhauses und meiner Wohnung.
- Im Straßenverkehr, auf dem Bürgersteig und neben Radwegen.
- In der Fußgängerzone.
- In Cafes, Restaurants und Biergärten.
- In der Nähe von Kindergärten, Spielplätzen und Schulen.
- In Menschenansammlungen.
- In öffentlichen Verkehrsmitteln und auf Bahnsteigen.
- In wildreicher Gegend (Wald, Feld, Park), wenn mein Hund gerne Tiere jagt.

Vorsicht bei Flexileinen!
Wenn Sie unachtsam sind, kann es zu gefährlichen „Verwicklungen“ kommen. Ihr Hund könnte trotz Leine auf die Straße laufen, Radfahrer gefährden oder anders außer Kontrolle geraten.

KOMMUNIKATION: MISSVERSTÄNDNISSE VERMEIDEN

Im Wolfsrudel bringen Eltern und ältere Rudelmitglieder den Welpen die feinen Signale der Kommunikation bei, die ein Vermeiden gefährlicher Situationen meist ermöglichen. Zwar sind die mimischen Signale beim Hund angeboren, aber die Kunst, in jeder Situation das passende Gesicht, die angemessene Körperhaltung zu zeigen, muss erst im Kontakt mit anderen Hunden erlernt werden, so auch die Strategie der Konfliktvermeidung in der sensiblen Phase von der 3. bis zur 14. Woche. Exakt in dieser Entwicklungsphase wechselt der Hund zum Menschen.

Mimik: Die Kunst, im Gesicht zu lesen

Beim Hund ist die Kommunikationsfähigkeit als Domestikationsfolge deutlich weniger ausgeprägt, zum einen werden Welpen und junge Hunde bei Weitem nicht so intensiv erzogen als dies bei der Wildform Wolf geschieht. Bei guten Züchtern ist die Mutterhündin mit den bis zu 12 Welpen nicht völlig allein, sondern wird durch andere, oft ältere Hündinnen oder Rüden unterstützt. Zum anderen können viele Hunde als Folge der Rassestandards nicht mehr die volle Mimik eines Wolfes zeigen. Rassen mit Schlappohren (z.B. Dackel, Basset), mit angezüchteten Gesichtsfalten (z.B. Bordeaux Dogge, Mastiff, Shar Pei), schwarze (z.B. Riesenschnauzer) oder im Gesicht sehr stark behaarte Hunde (z.B. Bobtail, Bearded Collie) bzw. sehr kurznasige Hunde (z.B. Boxer, Mops, Pekinese) können nur noch wenige Stimmungen mit ihrem Gesicht ausdrücken, der Informationsaustausch ist deshalb reduziert. Das ist für Menschen wie Hunde gleichermaßen schwierig, man sieht nicht genau, woran man ist. Wölfe können Konflikte allein durch Mittel der Kommunikation entscheiden. Beim Hund hingegen kann der Mangel an Information, das mangel- oder fehlerhafte Verstehen und Deuten des anderen auch aggressives Verhalten hervorrufen. Wir holen uns Welpen ins Haus, die ihre „eigene“ Sprache noch unzureichend sprechen und bringen ihnen zudem eine Fremdsprache bei: das Kommunizieren mit dem Menschen.

Wölfe können mit 60 verschiedenen Gesichtsausdrücken genau ihre momentane Stimmung zeigen. Der Haushund vermag das nur noch in geringerem Umfang. Am besten können dies noch Hunde im Wolfstyp wie Husky oder Schäferhund.

Wie sollen wir uns eigentlich noch verstehen?

Dieser Hund **knurrt selbstbewusst** (offensives Drohen).
Dies ist daran zu erkennen:
- Die Ohren sind nach vorne gestellt.
- Die Maulwinkel sind rund und kurz.
- Nasenrücken- und Stirnhaut sind gerunzelt.
- Die Zähne sind gebleckt.
- Der Hund schaut seinem Gegner in die Augen.

▶ 

Dieser Hund zeigt ein **ängstliches** Gesicht. Dies ist daran zu erkennen:
- Die Ohren sind nach hinten gelegt.
- Die Maulwinkel sind lang nach hinten gezogen.
- Die Nasenrücken- und Stirnhaut ist glatt.
- Der Hund vermeidet den Blickkontakt.
- Der Kopf wird gesenkt.

▶ 

Dieser Hund **knurrt ängstlich**.
Dies ist daran zu erkennen:
- Die Ohren sind nach hinten gezogen.
- Die Maulwinkel sind lang und spitz.
- Die Nasenrücken- und Stirnhaut ist gerunzelt.
- Die Zähne sind gebleckt.

▶ 

Körpersprache

Menschen können teilweise intuitiv erkennen, was eine Körperhaltung des Hundes ausdrückt, doch nur 30 % können ohne Schulung feine Stress-Anzeichen, nur gut 50 % Angst-Verhalten erkennen. Daher muss man als Hundebesitzer die wichtigsten Vokabeln erst lernen. Nur so kann man unter Umständen folgenschwere Missverständnisse vermeiden. Als Faustregel gilt: Ein selbstbewusster Hund macht sich groß, Ohren, Lefzen und Rute sind nach vorne bzw. oben gerichtet. Ein Hund, der sich in eher misslicher Lage befindet, macht sich klein, seine Ohren sind angelegt, die Lefzen nach hinten gezogen, die Rute verschwindet zwischen den Beinen.

◀ Dieser Hund ist entspannt und aufmerksam.

◀ Dieser Hund **imponiert**:
- Seine Beine sind gestreckt.
Sein Nackenfell ist gesträubt.
- Er „bäumt“ den Kopf auf.
- Die Ohren sind nach vorn gerichtet.
- Die Rute ist nach oben gestreckt. Er macht sich groß.

◀ Dieser Hund **droht selbstbewusst** (offensives Drohen):
- Seine Beine sind gestreckt.
- Sein Nackenfell ist gesträubt.
- Die Ohren sind nach vorne gerichtet.
- Die Rute ist nach oben gestreckt. Er macht sich groß und zeigt Drohmimik.

◀ Dieser Hund hat **Angst**:
- Seine Beine sind eingeknickt.
- Er zieht den Kopf ein.
- Die Ohren sind nach hinten gelegt.
- Die Rute ist eingekniffen. Er macht sich klein und zeigt Angstmimik.

Dieser Hund **droht ängstlich**:
- Das Fell ist über den ganzen Rücken gesträubt, wie weit diese sogenannte Bürste aufgestellt wird, ist individuell unterschiedlich und ein Zeichen von Erregung.
- Seine Beine sind eingeknickt.
- Die Ohren sind nach hinten gelegt.
- Die Rute wird niedrig gehalten.
  Er macht sich recht klein.

Diese Hunde **spielen**:
- Sie zeigen eine ganz entspannte Körperhaltung.
- Sie reißen das Maul auf, ohne zu drohen.
- Sie rollen mit den Augen (Weißes wird sichtbar).
- Sie schleudern den Kopf.
- Sie zeigen häufiges Wechseln der Rollen (mal ist der eine unten, mal der andere, mal beide).

Dieser Hund **fordert zum Spiel auf**:
- Er zeigt die Vorderkörpertiefstellung.
- Er rollt mit den Augen.
- Er macht Schlenkerbewegungen.
- Er hüpft herum.
- Er wedelt.

Weitere Kennzeichen der Spielaufforderung und des Spiels:
- Mit der Pfote Anstupsen.
- Bellen zur Spielaufforderung.
- Verfolgung und Verfolgtwerden wechseln sich ab.
- Spielerischer Angriff bei entspannter und freundlicher Körpersprache (angelegte Ohren, niedrig getragene Rute).

Die Körpersprache des Hundes ist für uns Menschen augenfälliger als die Mimik. Da wir nicht alle Körperhaltungen auf Anhieb richtig interpretieren können, müssen wir die Bedeutung – wie Vokabeln einer Fremdsprache – lernen.

Beschwichtigungssignale

Hunde setzen Beschwichtigungssignale wie Kopf zur Seite drehen, Lippen lecken ein, um ein ranghöheres Tier zu begrüßen (aktive Unterwerfung, siehe Zeichnung S. 91), und um in einer bedrohlich erlebten Situation das Gegenüber zu besänftigen und freundlich zu stimmen. Sie werden von allen Hunden gezeigt – auch dem Menschen gegenüber, um eine Begegnungssituation zu entschärfen und um Stress abzubauen. Als Hundebesitzer kann man dies tagtäglich auf dem Spaziergang beobachten, z.B. wenn zwei Hunde sich auf relativ engem Raum wie einer Fußgängerbrücke begegnen oder ein Hund überraschend vor einem anderen Hund aus dem Gebüsch auftaucht.

Im Folgenden einige Signale, alphabetisch:

Abwenden des Blickes: Demonstrativ den Kopf oder Vorderkörper zur Seite drehen (S. Foto r.u.). Dieses Beschwichtigungs- oder Demutssignal können auch Menschen in der Kommunikation mit Hunden einsetzen: z.B. wenn wir überraschend einem Hund begegnen, wenn wir nicht möchten, dass ein Hund uns begrüßt und an uns hochspringt.

Gähnen: Es wirkt beruhigend (müde sein kann man sich nur in entspannter Situation leisten) und dient dem Stressabbau.

Grinsen: Einige Hundrassen lachen den Menschen zur Begrüßung regelrecht an und ziehen die Mundwinkel nach hinten, was manchmal mit „Zähne fletschen“, also einem aggressivem Signal verwechselt wird. Ob es sich um Nachahmung des Menschen oder Beschwichtigung handelt, ist wissenschaftlich noch nicht geklärt.

Harnabsatz: Beruhigung oder Einladung für das Gegenüber, dies auch zu tun.

Krokodile? Übertrieben weit aufgerissene Mäuler und eine völlig entspannte Körperhaltung verraten: Das ist Spiel.

Demonstratives Wegsehen sagt: „Ich will nichts von Dir und tue so, als wärst Du nicht da. Und den Stock möchte ich behalten ...“

Hinlegen – Unterwerfung: Sich-Kleiner-Machen bis zum Hinlegen und Auf-den-Rücken-Rollen – der passiven Unterwerfung (siehe Zeichnung S. 91).
Hinterteil zeigen: Der Kopf, der drohen könnte, wird somit abgewandt = Vertrauen.
Kopf zum Boden **senken**: Hunde zeigen dieses Signal in Abstufungen, nur angedeutet bis hin zum Schnüffeln.
Sich **Kratzen**: Ablenkungsmanöver des Gegenübers, Übersprungsverhalten.
Lecken über die eigene Schnauze: Welpen lecken bei der Begrüßung der Elterntiere über die Schnauze – beim Menschen springen sie daher an ihm hoch oder lecken ersatzweise die Hand.
Schnüffeln: Ablenkung, der Hund hält die Nase über dem Boden, richtet den Blick aber verhalten auf das Gegenüber.
Vorderpfote heben: Dies bedeutet soziale Unterordnung, wird häufig auch als Bettelgeste gezeigt, aber auch als Vorstehen bei der Jagd.

Darüber hinaus können Hunde noch weitere Signale geben wie Ausweichen und Einen-Bogen-Gehen, Vorderkörpertiefstellung, niedrige Schwanzhaltung und Wedeln oder Verlangsamen der Bewegungen bis hin zum Erstarren.

Konfliktlösung

Wenn ein Hund in eine Situation gerät, die ihm unangenehm oder sogar gefährlich erscheint, muss er versuchen, die Situation zu entschärfen und sich ohne eigene Gefährdung zu entziehen. Je nachdem, welche Erfahrungen ein Hund bereits gemacht hat und wie er die aktuelle Situation einschätzt, gibt es grundsätzlich 4 Möglichkeiten der Konfliktlösungen:

- er kann in der Bewegung erstarren,
- er kann davonlaufen,
- er kann den Clown spielen: herumalbern – sieht oft aus wie eine Spielaufforderung, ein Loch buddeln u. a.,
- er kann aber (notfalls) auch kämpfen.

Manchmal löst auch ein dritter, nicht am Konflikt beteiligter Hund die Situation, indem er einfach zwischen den Kontrahenten durchläuft und für räumliche Trennung sorgt, man nennt dies auch Splitten. Einige Hunde zeigen dieses Verhalten auch gegenüber dem Menschen, da deren Zärtlichkeiten wie Umarmungen oder auch Kitzeln, Balgen bei Kindern aus Hundesicht wenig friedlich wirken.

Kommunikationsstufen bis hin zur Aggression nach Kendal Shepherd

Hunde versuchen in der Regel, Konflikte zu vermeiden, hier ein Schema, wie sich eine Situation verschärfen und zuspitzen kann, wenn das Gegenüber auf alle ausgesandten Signale nicht angemessen oder wie erhofft reagiert.

Das Schema ist nicht vollständig, die Reihenfolge ist graduell, nicht alle Stufen müssen gezeigt werden, an jeder Stelle könnten die Hunde sich entschließen, auseinanderzugehen.

1. Beschwichtigungsverhalten

- Gähnen
- Sich über die Schnauze lecken
- Den Kopf wegdrehen
- Pfote-Heben sich Klein-machen

Wenn alles Beschwichtigen nichts hilft, gehen Hunde auf Distanz, sie zeigen:

Situation: Ein gefürchteter Hund kommt immer näher: Angst: Ohren und Mundwinkel sind nach hinten gezogen.

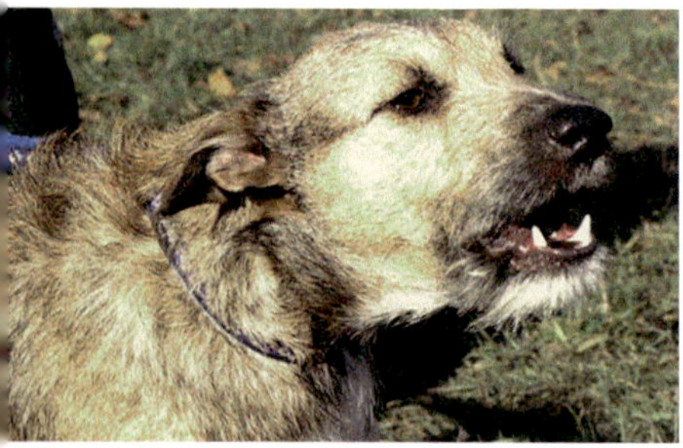

Ängstliches Drohen: Der immer noch ängstliche Hund öffnet das Maul und bellt (vgl. Zeichnungen S. 83).

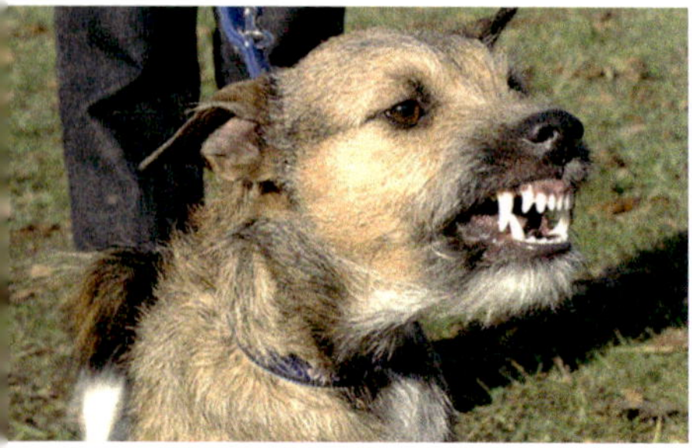

Aggression: Der Hund droht offen, Mundwinkel und Ohren sind immer noch leicht nach hinten gerichtet und verraten Angst.

2. Meideverhalten – Angst

- Weggehen
- Ohren anlegen
- Rute einziehen
- Auf den Rücken legen
- Erstarren

Aggression will die Distanz zum Gegenüber vergrößern. Wenn der Hund nicht davonlaufen kann und sein Gegenüber – Mensch oder Hund – immer näherkommt, kann es passieren, dass der Hund zum Angriff übergeht.

3. (Angst-)Aggressionsverhalten

Hunde knurren drohend. Bleibt dies ohne Erfolg, schnappen sie.
Schnappen: Der Hund schnappt erst in die Luft, dann gebremst, also kontrolliert zu, er will das Gegenüber nicht verletzen, er will nur klare Grenzen setzen, wie wenn wir einem Menschen den Arm festhalten, damit er uns nicht weiter drangsalieren kann.
Beißen: Der letzte Schritt, wenn alle Signale, die der Hund zuvor ausgesendet hat, nicht beschwichtigen und warnen konnten. Meist beißen Hunde kontrolliert kurz zu und hören sofort auf, wenn man sie in Ruhe lässt.

Aggression als Zeichen von Angst

Hunde können aus verschiedenen Gründen aggressiv reagieren, z. B. wenn sie ihnen wichtige Ressourcen wie ihr Territorium, ihre Welpen oder den Futternapf verteidigen oder dann, wenn sie Angst haben. Eigentliche Ursache ist oft, dass sie in der Sozialisierungsphase (siehe Kapitel „Welpenunterkunft und Entwicklung“, S. 6 ff.) vieles nicht kennenlernen konnten.

Ressourcen: Hier gibt es individuell sehr große Unterschiede: Was dem einen Hund völlig egal ist, kann für den anderen die Welt bedeuten. Wo ein souveräner Vierbeiner völlig entspannt bleibt, kann ein unsicherer ebenso wie ein offensiv aggressiver eine Ressource wie Ball, Futternapf oder Kauknochen gegenüber einem oder mehreren Familienmitgliedern knurrend verteidigen und dann auch eher zubeißen (siehe S. 43 ff.).

Angst: Häufig aber greifen Hunde erst an, wenn sie sich so in die Enge getrieben fühlen, dass sie einen Konflikt für unvermeidbar halten: Um sich selbst zu verteidigen, gehen sie zum Angriff über.

Besonders ängstliche Hunde können sich schnell bedrängt und bedroht fühlen, sei es durch eine rasche Handbewegung oder durch räumliche Enge. Deshalb sind ängstliche Hunde besonders gefährlich und reagieren oft blitzschnell. Man sollte also die Anzeichen bzw. Vorboten von Angst sehr gut kennen und umgekehrt lernen, seine eigene Körpersprache zu kontrollieren:

Aus Menschensicht freundliche Gesten kann der Hund als Bedrohung oder Grenzverletzung interpretieren. Dabei reagiert ein Hund häufig auch, wenn dieses Gebaren nicht ihm, sondern Familienmitgliedern gilt. Seine Reaktion könnte Angst oder Aggression sein.

Typische Beispiele sind: sich über den Hund beugen, ihn oder ein Familienmitglied lauthals sowie mit fuchtelnden Handbewegungen begrüßen oder den Hund auf Kopf und Rücken tätscheln.

Erstes Missverständnis: in die Augen sehen

Unter Menschen gilt es als ausgesprochen unhöflich, demonstrativ den Kopf wegzudrehen und wegzusehen, wenn ein anderer Mensch einen anspricht oder zu Besuch kommt. Es ist Zeichen von Interesse und Aufrichtigkeit, sich in die Augen zu sehen. Nicht so bei Hunden. Der direkte Blick in die Augen eines Hundes, also regelrechtes Fixieren, bedeutet: „Komm, lass uns messen, wer der Stärkere ist. Ich beabsichtige dich einzuschüchtern und vielleicht sogar anzugreifen.“ Grund genug, den Blickkontakt als Hund tunlichst zu meiden. Als Mensch sollte man diese Hundekonvention kennen und sich sowohl beim eigenen Hund, falls es Probleme gibt, als auch bei fremden Hunden daran halten, sonst könnte sich das Gegenüber provoziert fühlen und zum Angriff übergehen. Besonders schwer fällt uns das, wenn wir vor einem Hund Angst oder zumindest großen Respekt empfinden. Wir haben das dringende Bedürfnis, ihn anzustarren, was im schlimmsten Fall zu einer sich „selbst erfüllenden Prophezeiung“ werden könnte, der Hund könnte wirklich angreifen, weil er sich bedroht fühlt. Daher sollte man sich unbedingt angewöhnen, Hunde nur aus dem Augenwinkel zu beobachten. Im Gegensatz zum Fixieren ist der Blickkontakt mit dem eigenen Hund sehr wichtig, er erleichtert nicht nur die augenblickliche Verständigung, er festigt auch die Bindung. Er kann den Hund einerseits moralisch unterstützen, gerade Jagd- und Hütehunde suchen vermehrt Augenkontakt zum Mensch, andererseits kann man durch Blickkontakt den eigenen Anweisungen Nachdruck verleihen.

Einem fremden Hund sollte man nicht direkt in die Augen sehen und ihn nicht fixieren. Hunde empfinden direkten Blickkontakt oft als Bedrohung und als Aufforderung zur Auseinandersetzung. Beobachten Sie fremde Hunde daher besser aus dem Augenwinkel.

Zweites Missverständnis: Schwanzwedeln ist Ausdruck reiner Freude

Das kann sein, muss aber nicht. Wenn man genau hinsieht, erkennt man, dass Hunde verschiedene Möglichkeiten haben, mit dem Schwanz „zu wedeln". Neben dem typischen Wedeln, das Hunde beispielsweise zur Begrüßung eines Familienmitgliedes zeigen, gibt es das Imponierbewegen: Die Rute ist dabei senkrecht nach oben gerichtet, die Bewegungen sind eher langsam. Schwanzbewegungen können Signal für sehr unterschiedliche Stimmungen des Hundes sein. Deshalb müssen wir Menschen lernen, genau hinzusehen. Grundsätzlich deuten Bewegungen auf einen emotionalen Konflikt hin – der Hund ist hin- und hergerissen. Welpen wedeln zum ersten Mal mit etwa 30 Lebenstagen beim Säugen an der mütterlichen Zitze, einerseits ist Trinken angenehm, andererseits kommen sich die Wurfgeschwister dabei zu nahe, was eher ängstlich stimmt. Bewegt ein drohender Hund seine Rute, mischt sich in die Aggression auch das Gefühl der Angst. Begrüßen sich Rudelmitglieder, teilen sich Freude und Anspannung im Schwanzwedeln mit. Schwanzbewegungen können daher in fast allen Stimmungen gezeigt werden: Beispielsweise freudig, ängstlich oder ärgerlich. Der Hund benimmt sich in einem Stimmungskonflikt ganz so, als müsse er sich Luft verschaffen. Erst die weiteren Körpersignale geben darüber Auskunft, in welcher Stimmung der Hund sich wirklich befindet. Auslöser für den emotionalen Konflikt kann fast alles sein: Sei es, dass der Hund sich über die Rückkunft seiner Familie freut, oder im Gegenteil, dass er z.B. bei der Arbeit eine Aufgabe zeigen soll, die ihn überfordert, oder dass die Gegenwart einer Schulklasse ihm Angst macht. Fühlt sich der Hund in einer Situation nicht wohl (siehe S. 87), sollte man ihn eher in Ruhe lassen, statt ihn mit Zärtlichkeiten zu überschütten. Als verständnisvoller Hundeführer versucht man, die Stresssituation für den Hund möglichst rasch zu beenden. Kommt der Hund regelmäßig in diese Stresssituation, sollte man diese mit ihm allmählich üben, eventuell mit Hilfe eines Verhaltenstherapeuten.

Nicht jede Schwanzbewegung ist Ausdruck von Freude. Man muss also den ganzen Hund ansehen, um seine Stimmung richtig zu beurteilen.

Drittes Missverständnis: Liegt der Hund am Rücken, will er am Bauch gekrault werden

Tagtäglich können wir diese Szene beobachten: Es begegnen sich zwei Hunde im Park. Der eine legt sich auf den Boden und sieht demonstrativ zur Seite. Der zweite nähert sich in gemessenem Tempo und beschnüffelt den liegenden Hund eingehend an den Körperöffnungen. Häufig dreht sich der liegende Hund von der Seite ganz auf den Rücken. Das bedeutet: „Du bist mir nicht geheuer, ich will nichts von dir, tue mir nichts.“ So vermeiden die Hunde ernsthafte Konflikte. Mitleid mit dem demütigen Hund ist hier völlig fehl am Platz. Wir sollten einfach weitergehen und das angemessene Verhalten des Hundes respektieren.

Ebenso ungünstig ist das Bedürfnis, dem unterworfenen Hund zu „helfen“ oder ihn zu streicheln. Richtig wäre es auch hier, zügig weiterzugehen und eventuell seinen Hund zu sich zu rufen. Hunde zeigen dieses Verhalten auch gegenüber Menschen. Im Umgang mit vertrauten Menschen oder auch mit Besuchern kann dies sehr wohl die Aufforderung zum Streicheln oder Spielen sein. Wenn ein Hund sich aber im Freien, z.B. im Park, vor völlig fremden Menschen hinlegt, ist es wahrscheinlicher, dass er unsicher ist. Ein unsicherer Hund kann sich dann bedroht fühlen, wenn man sich in Streichelabsicht über ihn beugt. Knurren oder sogar Schnappen wäre die – aus Hundesicht verständliche – Antwort, der Mensch hingegen wäre empört: „Erst will er gestreichelt werden und dann knurrt er mich an!“

Entsteht aus dem Futterbetteln der Welpen: Die aktive Unterwerfung

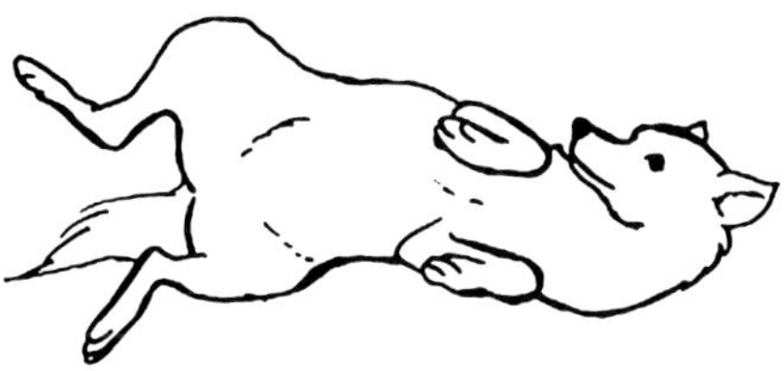

Passive Unterwerfung: Von sich aus legt der Hund sich hin (siehe Foto S. 86). Nähert sich das Gegenüber, verstärkt der Hund seine Beschwichtigung: Er dreht sich auf die Seite und weiter auf den Rücken.

Wenn ein Hund sich wegen eines Artgenossen unterwirft, sollte man sich nicht einmischen, sondern zügig weitergehen. Angst kann einen Hund schneller zubeißen lassen, als man erwarten würde. Deshalb sollte man die Signale der Angst, also Körpersprachen und Mimik, beim Hund unbedingt erkennen können.

Lautäußerungen der Hunde

Akustische Signale wie Winseln, Bellen oder Jaulen spielen eine vergleichsweise geringere Rolle in der Kommunikation, obwohl Hunde im Hochfrequenzbereich sehr gut hören.

Winseln: Bereits Welpen machen sich, wenn etwas nicht stimmt, durch Winsellaute bemerkbar. Erwachsene Hunde winseln unter Stress, wenn sie sich alleine, unbeachtet oder unsicher fühlen, aber auch als Form des Bettelns.

Knurren: Im Spiel können Hunde das freundlich gemeinte Spielknurren zeigen, in allen anderen Situationen setzen erwachsene Hunde Knurren in unterschiedlicher Abstufung als Warn-

und Drohsignal ein und verstärken damit die Information ihrer Körpersprache.
Bellen kann u. a. Spielaufforderung, Aufregung, Frustration und Stress ausdrücken, aber auch als Warnung oder Abwehr gedacht sein.
Wuffen, also ein kurzes Bellen mit geschlossenen Lippen, ist ein Schreck- oder Warnlaut, daneben zeigen auch träumende Hunde diesen Laut.

Knurren oder Bellen können zusammen mit der entsprechenden Körpersprache auf die Unsicherheit des Hundes hinweisen. Er möchte mit dem Knurren oder Bellen sein Gegenüber auf Distanz halten, erst wenn er damit keinen Erfolg hat und sich in die Enge getrieben fühlt, kann es zum Angriff kommen. Man sollte dieses Verhalten daher sehr ernst nehmen und den Hund keinesfalls provozieren.

Grunzen, Schnaufen, Schmatzen, Seufzen kann je nach Situation Wohlbefinden wie beim Einschlafen, aber auch Aufregung und Unwohlsein bedeuten.

Im Zusammenleben mit dem Menschen entwickeln Hunde oft eine verstärkte, ausschließlich an den Menschen gerichtete Lautkommunikation, zum Beispiel situationsbezogenes Bellen.

Die Kommunikation der Gerüche

Eine Dimension der Hundewahrnehmung entzieht sich uns nahezu vollständig: Hunde geben wichtige Informationen per Duft, über die sogenannten Pheromone, weiter – insbesondere über den Harn, aber auch über Kot, Analdrüsen, Speichel, Ohren- und Scheidensekret. Sie holen sich diese Informationen direkt, indem sie die Körperöffnungen des anderen Tieres beschnuppern oder indirekt über Hinterlassenschaften. Sie erfahren auf diesem Weg alle wichtigen Angaben wie Alter, Geschlecht, Rang, Gesundheit und auch die momentane Gemütsverfassung. Eine Stimmung können sogar wir Menschen wirklich riechen: Angst – dann, wenn sich die Analdrüsen spontan entleeren und ihr Sekret frei wird.

Beim Körperkontakt werden – z.B. beim Saugen oder bei der Begrüßung – die sogenannten Pheromone übertragen, die ebenfalls Botschaften wie die Zugehörigkeit zum Rudel ausdrücken.

Auch wenn wir die Duftinformation nicht entschlüsseln können, sollten wir den Hunden genügend Gelegenheit geben, die Botschaften zu lesen und zu verteilen, mit einer kleinen Einschränkung: Wir sollten regulativ eingreifen, damit Hunde lernen, an welchen Orten sie keine Duftmarken setzen sollten – wie Kinderwagen, Parkbank oder Menschenbeine.

Berührung – Taktile Signale

Gerade zwischen Mutter und Welpen spielen Berührungen eine wichtige Rolle, manches wie z.B. das Kontaktliegen zeigen viele Hunde ihr Leben lang – mit anderen Hunden der Familie oder auf den Füßen des Menschen. Später berühren Hunde sich und den Menschen insbesondere zur Begrüßung – z.B. durch Aneinanderentlanglaufen und Aneinanderreiben oder durch Hochspringen und Mundwinkellecken.

Auch einschränkende Gesten zählen hierzu wie dem anderen den Weg versperren oder die Schnauze auf den Rücken legen aus der T-Stellung heraus. Viele Hunde fordern zur Interaktion auf, wie z.B. zum Streicheln, Spielen, Futterherrichten, indem sie den Menschen anstupsen oder sogar seine Hand ins Maul nehmen, solange dies sanft geschieht und der Hund eine belastbare, d. h. absolute Beißhemmung gelernt hat, spricht nichts dagegen. Allerdings sollte der Hund uns nicht regelmäßig mit seinen Forderungen bedrängen und unser Handeln – auf „charmante" Weise – spürbar kontrollieren.

Der Mensch aus Hundesicht

Bedrohliche Gestalt:
Er beugt sich im Stehen über den Hund. Er lächelt noch dazu und zeigt dabei die Zähne (= Lefzen nach hinten ziehen) und er fixiert den Hund.
Aus Hundesicht wirkt ein Mensch, der sich so verhält, unter Umständen wie eine Bedrohung.

Angenehmes Wesen:
Der Mensch geht in die Hocke und macht sich klein, zeigt keine Zähne und sieht diskret zur Seite.
Benimmt sich ein Mensch so, empfindet ihn ein Hund als angenehm friedlich.

Gut sozialisierte Hunde lernen im Zusammenleben mit dem Menschen, dass dessen Lächeln und Zähnezeigen (= Lefzen nach hinten ziehen) sowie das in die Augen schauen ein freundlicher Gesichtsausdruck ist – anders als bei Hundeartigen.

Dieser Hund fühlt sich durch die Dame verunsichert, weil er ihre Mimik falsch versteht.

DEESKALATION IST DAS ZIEL

Um Bisse zu vermeiden, muss man wissen, wie man sich in kritischen Situationen zu verhalten hat. Der Schutz des Menschen hat hierbei immer absoluten Vorrang. Denn die menschliche Unversehrtheit ist unbezahlbar. Zeigt der Hund Drohverhalten, gilt es daher, eine Eskalation zu verhindern.

Drohverhalten ernst nehmen

Aggressives Drohverhalten wie Knurren, Zähnefletschen etc. ist als Warnsignal anzusehen und daher immer ernst zu nehmen, um Schlimmeres zu verhüten. Selbstverständlich gibt es unzählige Hunde, die zwar manchmal knurren, aber nie beißen. Es wäre jedoch leichtsinnig, sich darauf zu verlassen. Hunde, die bereits gebissen haben, zeigten meistens vorher Drohverhalten. Hätte man in der kritischen Situation richtig reagiert und rechtzeitig eine Verhaltenstherapie eingeleitet, wären Verletzungen vermieden worden. Es schadet nichts zu vorsichtig zu sein. Das ist besser, als zu leichtsinnig zu sein. Wenn der eigene Hund einen Menschen, vielleicht sogar ein Kind verletzt hat, kann man dies nicht wieder rückgängig machen.

Aggressives Drohverhalten muss immer unbedingt ernst genommen werden. Der Hund hat einen Grund, weswegen er Drohverhalten zeigt. Das zugrundeliegende Problem muss, z. B. mithilfe einer Verhaltenstherapie, ursächlich behandelt werden.

Darf ich dem Hund das Knurren „durchgehen lassen"?

Es ist eine weit verbreitete Meinung, man dürfe einem Hund das Knurren und ähnliches Drohverhalten nicht „durchgehen lassen", sondern müsse das Tier sofort energisch zurechtweisen. Deshalb reagieren viele Menschen auf das Drohverhalten ihres Vierbeiners mit einer Bestrafungsmaßnahme (z. B. Herunterdrücken im Nacken, Schimpfen). Die Besitzer sind dabei der Überzeugung, das Nötige und Richtige in der Hundeerziehung zu tun. Dies ist aber nicht der Fall! Nicht selten haben diese Erziehungsversuche schlimme Folgen! Schwere Bissverletzungen können so entstehen!

Wie es zu einem Biss kommt

Die Erfahrungen aus der verhaltenstherapeutischen Sprechstunde zeigen, dass Bisse in kritischen Situationen häufig vom Menschen ungewollt „provoziert" werden und vermeidbar gewesen wären, hätte der Hundehalter richtig reagiert. Typisch ist beispielsweise folgende Situation: Ein Hund knurrt seine Besitzerin an, weil er einen Essensrest hergeben soll, den er sich aus dem Mülleimer genommen hatte. Die Besitzerin schimpft und schüttelt den Hund im Nackenfell, woraufhin er zubeißt. Hier gibt es unzählige ähnliche Vorfälle zu berichten.

Viele Studien belegen, dass der Großteil aller Beißvorfälle mit dem eigenen oder einem bekannten Hund passiert. Häufig geht dem Biss eine Auseinandersetzung zwischen Hund und Mensch voraus, wobei es häufig um Futter oder um den Ruheplatz des Hundes geht, aber auch z.B. um aus Hundesicht bedrängende oder angstauslösende Situationen. Des Weiteren belegen Studien, dass viele Hundehalter gebissen werden, weil sie in eine Hunderauferei eingreifen. Daher ist dringend davon abzuraten, dass man einem aggressiv gestimmten Hund zu nahe kommt, und bei Hunderaufereien sollte man sich als Mensch unbedingt heraushalten.

Bedrängung ist gefährlich

Nicht nur eine körperliche Strafe kann so schlimme Folgen haben, sondern alles, durch das sich der Hund bedrängt fühlen könnte. Wenn der Hund auf dem Sofa liegt und seinen Besitzer anknurrt, würden viele Hundehalter ihr Tier lediglich greifen und vom Sofa herunterziehen. Die meisten Hunde geben dann auch tatsächlich klein bei – zum Glück für uns Menschen. Aber man darf sich nicht darauf verlassen. Kein Hundehalter kann es sich vorstellen, dass sein sonst so umgänglicher Vierbeiner ihn beißen würde. Diejenigen, die von ihrem Hund bereits gebissen wurden, haben damit auch nicht gerechnet. Es besteht immer die Gefahr, dass eine Situation eskaliert und der Mensch verletzt wird, wenn er auf das Drohverhalten direkt mit einer körperlichen Bestrafungsmaßnahme oder mit einer Bedrängung reagiert. Falls dies nach den Erfahrungen einzelner Hundehalter nicht zutrifft, muss man sagen, dass diese bisher Glück hatten. Es wäre aber unverantwortlich, anderen zu einem so gefährlichen Verhalten zu raten.

Menschenschutz geht vor

Es gibt viele gute Gründe, warum man einen Hund, der einen anknurrt, nicht hart zurechtweisen, in die Enge treiben oder bestrafen darf (s. u.). Der wichtigste Grund aber ist und bleibt: Es besteht das Risiko gebissen zu werden. Der Schutz der menschlichen Unversehrtheit ist für uns das oberste Ziel. Die Empfehlungen dieses Buches bergen – im Gegensatz zu vielen landläufigen Tipps – das geringste Risiko gebissen zu werden. Hierbei geht es um Deeskalation, d. h. um die Entschärfung einer Situation, die außer Kontrolle zu geraten droht, und um das Abwenden der Gefahr für den Menschen. Wenn dann die akute Gefahrsituation vorbei ist und sich die Gemüter beruhigt haben, kann in Ruhe überlegt werden, welche (gewaltfreien) Erziehungs- und Vorsichtsmaßnahmen in Zukunft sinnvoll sind. Der Hundehalter hat dem Hund die Einsicht, Umsicht und das vorausschauende

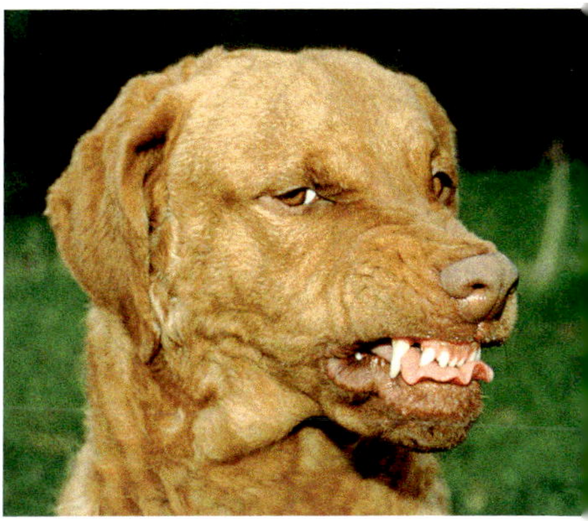

Halten Sie Abstand von einem aggressiv drohenden Hund!

Man hat es nicht nötig, sich auf das aggressive Niveau des Hundes zu begeben, sondern sollte das nutzen, was man dem Tier voraus hat: den Verstand!

Denken voraus. Daher ist es möglich, das Problem ursächlich zu behandeln, ohne sich zu gefährden.

Tiergerechte Hundeerziehung

In der tiergerechten Hundeerziehung wird auf körperliche Strafen generell verzichtet, da mittlerweile bekannt ist, welche **negativen Auswirkungen** diese auf das Lernverhalten und das Tier-Mensch-Verhältnis haben, und dass andere, gewaltfreie Maßnahmen viel effektiver sind (siehe S. 30 ff.). Dabei handelt es sich nicht um eine „antiautoritäre Erziehung“ oder „Anarchie“, sondern um einen hundegerechten Umgang mit dem Tier. Es wird berücksichtigt, dass der Hund klare Grenzen und Regeln gesetzt bekommen muss. Der Mensch hat kein so kräftiges Gebiss wie der Hund, dafür aber einen besseren Verstand, den er gezielt einsetzen kann. Man hat es gar nicht nötig, sich auf ein Niveau mit dem Hund zu begeben und Aggression mit Gegenaggression zu beantworten.

Selbstverständlich reicht es nicht aus, das Drohverhalten des Hundes lediglich zu ignorieren, da es ein wichtiges Warnsignal ist. Die Tier-Mensch-Beziehung muss wieder ins Lot gebracht werden, und am besten wendet man sich umgehend an einen Verhaltenstherapeuten.

Übrigens ist es unter Wölfen auch nicht so, dass auf ein Knurren mit einem Kampf reagiert wird. Die hochsozialen Tiere haben eine sehr feine Art der Kommunikation entwickelt, gerade um Kämpfe und somit Verletzungen in der Gruppe zu vermeiden. Drohverhalten wie Knurren und Zähnezeigen dienen der Verständigung, womit der Hund den anderen auf Abstand halten und einen Ernstkampf vermeiden möchte. Eine friedliche Lösung der Konfliktsituation ist somit im Interesse von Mensch und Hund.

Es werden zur Gefahrenvermeidung die Reaktionen und Methoden empfohlen, die am wenigsten Risiken und Nebenwirkungen haben. Das Ziel ist immer eine Entschärfung der Situation. Eine Verhaltenstherapie kann hierdurch jedoch nicht ersetzt werden.

Zur Bedeutung der Verhaltenstherapie

Zeigt der Hund aggressives Verhalten gegenüber Menschen oder macht er andere Probleme, durch die eine Gefahr für Mensch oder Tier entstehen könnte, ist dringend eine Verhaltenstherapie anzuraten. Verhaltensprobleme können viele verschiedene Ursachen haben, daher kann es keine „Patentrezepte“ geben. Nicht jeder Hund, der seinen Knochen gegen seinen Besitzer verteidigt, hat ein Problem mit dessen Führungsrolle, und nicht jeder Hund, der alleingelassen Gegenstände zerstört, hat Trennungsangst. Ebenso wie bei einem kranken Hund ist auch bei einem Hund mit einem Verhaltensproblem eine genaue Diagnosestellung notwendig für die richtige Behandlung. Jeder Hund hat seine eigene Persönlichkeit. Sein Verhalten wird von unzähligen Faktoren wie Vererbung, Lernerfahrungen, Haltungsbedingungen, Gesundheitszustand, Verhalten des Besitzers usw. bestimmt. Mit kurzen Tipps wird man einem Verhaltensproblem nicht gerecht. Eine verantwortungsvolle und wirksame Verhaltenstherapie muss immer ganz individuell auf den einzelnen Hund zugeschnitten sein. Der auf Verhaltenstherapie spezialisierte Tierarzt muss daher sehr viele Informationen erfragen, um die Ursachen des Problems herausfinden und die richtige Diagnose stellen zu können. Wegen der Wichtigkeit der Verhaltenstherapie wird daher im Buch immer wieder auf diese verwiesen.

Therapeut ist nicht gleich Therapeut

Die Bezeichnungen „Tierpsychologe“ oder „Verhaltenstherapeut für Tiere“ sind nicht geschützt. Das heißt, dass sich jeder so nennen darf, egal, ob er etwas von Verhaltentherapie versteht oder nicht. Erkundigen Sie sich daher bitte vorab, welche **Qualifikation** die Person hat, bei der Sie Rat suchen. Bei Tierärzten darf nur derjenige mit der „Zusatzbezeichnung Verhaltenstherapie“ auf seinem Praxisschild werben, der eine mehrjährige Weiterbildung und eine entsprechende Prüfung (vor einer Tierärztekammer) absolviert hat. Am besten fragen Sie bei der Tierärztekammer Ihres Bundeslandes (siehe auch www.bundestieraerztekammer.de) nach, welche Tierärzte in Ihrer Nähe sich auf Verhaltenstherapie spezialisiert haben. Adressen erhalten Sie auch unter www.gtvmt.de oder www.stvv.ch.

Es wird aus Gründen der Gefahrenvermeidung und der verantwortungsvollen Behandlung der Tiere im Buch immer wieder auf die Verhaltenstherapie verwiesen. „Patentrezepte“ kann es nicht geben, da es sich bei einem Verhaltensproblem um einen individuellen Fall handelt, der sorgfältig analysiert und behandelt werden muss.

WIE VERHALTE ICH MICH BEI DROHENDEN KONFLIKTEN?

Kritische Situationen

Kritische Situationen können rund um die Uhr und an jedem Ort, also auch im Haus, auftreten (siehe S. 43 ff. sowie S. 54 ff.). Die meisten Hundebesitzer denken bei dem Stichwort „Problem mit Hunden“ jedoch an den Spaziergang im Park oder im Grünen. Anlässe für kritische bzw. aus Menschensicht unklare Situationen gibt es unzählige, abhängig von den betroffenen Hunden sowie den Umständen des Zusammentreffens. Daher sollen die folgenden typischen Situationen die Grundprinzipien für das richtige Verhalten des Menschen erklären. Grundprinzipien deshalb, weil eine vollständige Liste, was mit oder zwischen Hunden alles passieren kann, unmöglich ist. Je besser der Mensch eine Situation einschätzen kann (siehe S. 82 ff.), desto eher kann er kritische Momente vermeiden oder zumindest entschärfen. Und genau das, durch vorausschauendes Handeln Schaden vermeiden, ist auch seine Aufgabe als Hundeführer, damit er zu Recht das Vertrauen seines Hundes gewinnt und behält.

Böse Überraschung: Am besten bleiben Sie ruhig stehen und vermeiden es, den Hund zu fixieren.

Konfliktsituationen Mensch – Hund

Freilaufende Hunde

Wenn Ihnen ein Hund begegnet, der Ihnen nicht ganz geheuer ist, oder wenn Sie von einem fremden Hund bedroht werden, sollten Sie demonstrativ zur Seite schauen und ihn nur aus dem Augenwinkel beobachten. Zudem sollten Sie (z.B. als Jogger) stehen bleiben, da ein stehendes Objekt deutlich weniger interessant oder bedrohlich ist als etwas, das sich bewegt. Außerdem sollte man sich vor Augen halten, dass Hunde nie ohne Grund (z.B. Jagd, Angst, Bedrohung, Verteidigung von Ressourcen) angreifen: Als Passant auf der Straße oder im Park ist die Wahrscheinlichkeit angegriffen oder gar gebissen zu werden daher eher gering. Manche Hunde interessieren sich für das, was ein Mensch in den Händen hält, im Zweifelsfall sollte man die Wurstsemmel oder die Plüschhandschuhe lieber fallen lassen als abzuwarten, bis der Hund sich diese mit den Zähnen holt.

Man sollte allerdings vorsichtig sein, wenn man dem Territorium (Hof, Garten) eines Hundes zu nahe kommt oder seinen Ressourcen (Spielzeug, Futter, Besitzer, läufige Hündin u. a.). Gerade Kinder heben gerne Spielzeug oder heruntergefallene Leckerlis auf, wenn der Hund gleichzeitig danach schnappt, kann er die Kinderhand erwischen. Gehen Hunde als feste Gruppe spazieren – z.B. Gassigeher oder feste Spaziergehtreffs – kann es sein, dass man als Spaziergänger als Eindringling aufgefasst wird. Man sollte dann ruhig stehen bleiben, bis die Hunde vorbeigelaufen sind.

Betreten des Territoriums eines fremden Hundes

Sie betreten einen Garten und werden dort von dem Hund des Hauses überrascht.

- Bleiben Sie als Erstes einmal stehen.
- Beobachten Sie den Hund aus den Augenwinkeln, ohne ihn zu fixieren. Viele Hunde benehmen sich Besuchern gegenüber durchaus freundlich, dann können Sie ruhig Ihre Hände beschnuppern lassen und dabei mit freundlicher Stimme den Hund begrüßen. Danach können Sie in aller Regel zum Haus gehen. Reagiert der Hund unfreundlich – er bellt oder knurrt, bleibt drohend vor Ihnen stehen –, ist Vorsicht angebracht.
- Drehen Sie den Kopf demonstrativ als Beschwichtigungsgeste zur Seite und verhalten Sie sich ruhig.
- Versuchsweise können Sie langsam einige Schritte rückwärts gehen. Wichtig ist es, dem Hund nicht den Rücken zuzukehren. Toleriert der Hund dies, gehen Sie zum Gartentor zurück. Verstärkt der Hund hingegen sein Drohverhalten, müssen Sie stehen bleiben, abwarten und notfalls um Hilfe rufen.

Spielende Hunde

Im Eifer des Gefechtes schauen spielende Hunde nicht, wo sie hinlaufen, und können Passanten so leicht zu Fall bringen oder verletzen. Man sollte deshalb spontan entscheiden, ob es besser ist stehen zu bleiben oder sich mit einem Sprung aus der Gefahrenzone zu retten. Dem eigenen Hund sollte man durch Aufmerksamkeitstraining beibringen, auch im Spiel auf die Umgebung zu achten.

Angeleinter Hund

Einige Hunde bellen oder knurren Passanten an, gerade, wenn sie angeleint sind. Hier sollte man als Passant in sicherem Abstand vorübergehen und den Hund durch demonstratives Wegsehen ignorieren und beschwichtigen. Als Besitzer des Hundes sollte man sich entschuldigen und den Hund wortlos aus der Situation entfernen (siehe Kapitel „Richtig reagieren“, S. 104 ff.). Man darf den Hund weder beruhigen noch strafen. Am besten wendet man sich an einen Verhaltenstherapeuten.

Frei laufende Hunde im Park sind meist wenig gefährlich. Wenn man nicht gerade in die Nähe ihres Territoriums kommt oder sie in die Enge treibt, werden sie sich kaum für Spaziergänger interessieren.

Kritische Situationen zwischen Hunden

Rassen mit wenig Mimik (z.B. Windhunde, Rottweiler, Bobtail u. a.) werden häufiger in Missverständnisse verwickelt. Auch rassebedingte Abweichungen in der Körpersprache müssen Hunde wie eine Fremdsprache lernen, so wie sie auch lernen, dass Lächeln beim Menschen nicht drohend, sondern sehr freundlich gemeint ist: So zeigen z.B. Rassen mit Kringelrute sozusagen von Haus aus Imponiergehabe, der Rhodesian Ridgeback hat immer die Nacken- und Rückenbürste gestellt. Boxer hingegen runzeln ständig die Stirn. Daher ist es ganz wichtig, dass bereits Welpen Erfahrungen mit anderen Rassen machen.

Vermeiden eines Konfliktes: Ein Hund unterwirft sich

Hunde versuchen in der Regel, Konflikte zu vermeiden, zum Beispiel, indem sie sich passiv unterwerfen, also sich hinlegen. Hier gehen beide Hundebesitzer zügig weiter und können aus der Distanz eventuell die Hunde zu sich rufen. Meist entspannt sich die Situation beim Weitergehen rasch von selbst (siehe S. 91). Alternativ schlagen einige Hunde demonstrativ einen großen Bogen um andere Hunde, um auf diese Weise eine Auseinandersetzung bzw. ein Kräftemessen zu vermeiden. Als Besitzer sollte man dies erkennen (der Hund trägt die Rute nicht erhoben und wendet den Blick meist ab) und den Hund nicht durch Bei-Fuß-Gehen in den Konflikt hineinführen.

Show- oder Kommentkampf: Zwei Hunde stehen sich knurrend gegenüber

Knurren und Rüpeln, In-die-Luft-Schnappen ist Teil eines ritualisierten Kampfes, bei dem keiner der Hunde den Gegner verletzen will. Meist geht es dabei laut zu, was man als Besitzer fälschlich als besonders bedrohlich empfindet. Doch dies gehört zum ganz normalen Imponierverhalten und Kräftemessen unter Hunden. Als Besitzer sollte man dies auf neutralem Terrain nicht weiter beachten und auf keinen Fall dazwischengehen. Selbst wenn sich aus dem Imponieren eine lautstarke Rauferei entwickelt, passiert meist

Gegenseitige Geruchskontrolle im Analbereich: Der rechte Rüde steht selbstbewusst mit erhobener Rute und durchgestreckten Beinen da.

Konfliktvermeiden: Dieser Hund unterwirft sich und geht damit Ärger aus dem Weg.

nichts. Es gibt aber Hunde, die häufiger in Raufereien geraten als andere oder im Gegenteil – obwohl sie sich nach Ansicht des Besitzers unterwerfen – immer wieder Bisswunden davontragen, bei beiden sollte man dringend Hilfe bei einem Verhaltenstherapeuten suchen.

Kommentkampf: Wenn beide Hunde in etwa gleich groß und gut sozialisiert sind, kann man die Raufer alleine lassen: Beide Besitzer laufen demonstrativ in entgegen gesetzter Richtung weg und entziehen ihrem Hund die Unterstützung, dann wird in der Regel nicht viel passieren. Aus der Distanz rufen sie jeweils ihren Hund zu sich. Bei deutlichem Kräfteunterschied sollte der Besitzer des größeren Hundes versuchen, durch ein Geräusch die Aufmerksamkeit seines Hundes auf sich zu ziehen, damit der kleinere nicht (unabsichtlich) zu Schaden kommt. Auf keinen Fall darf man mit den Händen eingreifen.

Aus Show wird Ernst? Beide Hunde reagieren nicht mehr auf den Ruf des Besitzers und beginnen ernsthaft – mit Verletzung des anderen – zu raufen, ein eher seltener Vorfall, denn die meisten Raufereien sind in Sekundenschnelle schon wieder vorbei. Wenn es wirklich ernst wird, wird der Kampf meist lautlos. Es ist also wichtig als Besitzer seinen Hund bewusst zu beobachten, damit man sein Verhaltensrepertoire kennt. Wenn man genau weiß, wie das Imponiergehabe, die Kommentkämpfe ablaufen, kann man frühzeitig erkennen, „wenn etwas nicht stimmt". Wenn das Imponieren länger dauert, ist der Zeitpunkt da, um seinen Hund zu sich zu rufen! Man kann seinem Ruf Nachdruck verleihen, indem man rechtzeitig etwas in Richtung der Hunde wirft. Falls die Hunde durch das Geschoss einen Moment mit dem Gerangel aufhören, ruft man sie zu sich und leint sie an. Ist die Beißerei schon im Gange, hilft dies allerdings nicht mehr. Häufig liest man den Rat, die Hunde an den Hinterbeinen zu packen und „auseinanderzuziehen“. Das kann aber dazu führen, dass die Hunde das Gleichgewicht verlieren und erst recht fest zubeißen. Einen Ratschlag, passend für alle Situationen kann es daher nicht geben. Außer diesen: Die Situation möglichst im Vorfeld zu vermeiden und **nie** dazwischenzugehen, da man als Mensch ein hohes Risiko eingeht gebissen zu werden.

Fazit: Wenn ein Hund gelernt hat, auf Ruf verlässlich zu seinem Besitzer zu kommen, kann man selbst Stresssituationen wesentlich besser meistern. Meist legen die Hunde selbst keinen Wert auf schwierige Begegnungen und ziehen es selbst vor, mit dem Besitzer auszuweichen.

Beispiel: Hunde, die um sich beißen

Dieses Beispiel soll verdeutlichen, dass zum einen nicht immer aggressives Verhalten Auslöser für Beißereien sein muss, und dass zum anderen der Mensch ursächlich mitbeteiligt sein kann: Eine läufige Hündin wird von ihrer Besitzerin an der langen Flexileine gehalten und spielt mit einem frei laufenden kastrierten Rüden, den sie von klein auf kennt. Ein fremder frei laufender Rüde kommt in Sicht, und die Besitzerin der Hündin rollt die Flexileine automatisch auf. Dabei werden die spielenden Hunde eingewickelt, die Leine schneidet ein, der Rüde blutet am Penis: Beide Hunde schreien und schnappen um sich. Ideal wäre es, die Besitzer des fremden Rüden würden diesen sofort anleinen, dann könnte die Besitzerin der Hündin mit der Flexileine nachgeben und die Hunde auswickeln. Man kann jedoch daraus auch für andere Konfliktsituationen lernen:

1. Wann immer man als Unbeteiligter an einer „Verwicklung“ vorbeikommt, egal ob freundlicher oder aggressiver Stimmung, sollte man den eigenen Hund vorsorglich bei Fuß gehen lassen und einen weiten Bogen um die beiden Hunde machen.
2. Außerdem sollte man Hunde nie an der Leine spielen lassen. Übrigens auch nicht mit einem Halsband, das im Notfall nicht aufgeht bzw. aus dem der Hund nicht herausschlüpfen kann.
3. Körperteile des Menschen lassen sich nicht ersetzen, deshalb sollte man weder mit Händen noch mit Füßen in eine Auseinandersetzung zwischen Hunden eingreifen: Dieser Rat klingt sehr hart, aber man sollte in Ruhe überdenken, ob man sich und seine Arbeitsfähigkeit gefährden sollte.

Wenn der eigene Hund auf andere Hunde unfreundlich bis aggressiv reagiert

Raufer werden nicht geboren, sie erlernen dieses Verhalten. Häufig beginnt dies schon im Welpenalter durch mangelnde oder schlechte Sozialisierung (z.B. Hunde, die nur im Zwinger aufgewachsen sind oder in der Welpenspielstunde allen anderen Hunden kräftemäßig weit überlegen waren). Mit der Pubertät wächst die Raufbereitschaft, Rüden neigen deutlich mehr zu Raufereien als Hündinnen. Mit jeder „erfolgreichen“ Rauferei lernt ein Hund, dass er Konflikte nicht meiden braucht. Er wird also immer schneller bereit sein, sich mit einem anderen Hund anzulegen. Dies ist ein Teufelskreis. Als Besitzer reagiert man zudem oft falsch, schimpft und schreit, so verstärkt man dieses Verhalten auch noch: Der Hund fühlt sich nicht gemaßregelt, sondern angefeuert! Manche Besitzer, statistisch häufiger Männer, finden am draufgängerischen Verhalten eines Hundes durchaus Gefallen und loben ihn dafür. Auch das bestärkt den Hund darin: Raufen ist erwünscht. Dies ist gefährlich. Denken Sie daran, dass Raufer zum Schutz der Anderen die Auflage Leinen- und Maulkorbzwang bekommen können, was für den Hund eine erhebliche Beeinträchtigung bedeuten kann. Wenn Sie den Eindruck haben, Ihr Rüde ist auf dem besten Wege, ein Raufer zu werden, sollten Sie sich professionelle Hilfe holen, damit Ihr Hund niemanden verletzen oder erschrecken kann.

Ihr Hund reagiert grundsätzlich aggressiv beim Anblick anderer Hunde. Dann sollten Sie höchstvorsorglich Ärger aus dem Weg gehen, in dem Sie anderen Hunden ausweichen und mit Hilfe eines Verhaltenstherapeuten trainieren. Hat Ihr Hund bereits einen anderen Hund gebissen, sollten Sie ihn mit Maulkorb ausführen, in bewohntem Gebiet grundsätzlich an der Leine. Denn, wenn ein Hund einmal gebissen hat, ist die Wahrscheinlichkeit groß, dass er es wieder tut. Mit Erziehung und einem Verhaltenstraining lässt sich viel erreichen.

Ihr Hund hat nur mit manchen Hunden Schwierigkeiten. Hat Ihr Hund z.B. nur mit Rüden Probleme, können Sie bei jeder Hundebegegnung aus sicherer Distanz erfragen, ob der andere Hund ein Rüde oder eine Hündin ist. Ist es ein Rüde, leinen beide Besitzer ihren Hund an und umgehen so das mögliche Problem. Wissen Sie nicht so genau, auf welchen Hundetyp Ihr Hund unfreundlich reagiert, leinen Sie Ihren Hund an und bitten Sie den Besitzer des entgegenkommenden Hundes höflich, seinen Hund ebenfalls an die Leine zu nehmen. Im Grunde sollte jeder seinen Hund automatisch an die Leine nehmen, wenn ihm ein angeleinter Hund entgegenkommt. Lassen Sie Ihren Hund grundsätzlich erst nach Absprache mit den anderen Hundebesitzern frei laufen. Zusätzlich sollten Sie sich Rat bei einem Verhaltenstherapeuten holen.

Ihr Hund ist unproblematisch, begegnet aber einem Raufer. Wenn Ihnen ein kritischer Hund alleine entgegenkommt, sollten Sie den eigenen Hund anleinen und ausweichen, z.B. auf die andere Straßenseite. Auf freiem Feld muss man eventuell auch umdrehen oder einen großen Bogen gehen, um eine Begegnung zu vermeiden. Alternativ kann man seinen Hund auch ablegen, wenn er gut erzogen und eher defensiv ist, und den anderen Hund passieren lassen. Ist der Besitzer des Hundes dabei, bitten Sie diesen frühzeitig, seinen Hund an die Leine zu nehmen.

Raufereien zwischen fremden Hunden im Park sind glücklicherweise nicht allzu häufig. Je weniger man eingreift, desto besser. Wenn die Hunde sich aber verletzen, sollte man bei der „Rettungsaktion" vor allem darauf achten, nicht selbst gebissen zu werden.

RICHTIG REAGIEREN

Aggressives Verhalten beim Hund

Überlegen Sie einmal, ob und in welchen Situationen Ihr Hund schon einmal Drohverhalten gezeigt hat. Viele Hunde bellen und knurren beispielsweise den Schornsteinfeger an, der die Wohnung betritt. Vielleicht neigt Ihr Hund auch zu Raufereien mit anderen Rüden, oder er schnappt, wenn der Tierarzt ihm eine Spritze gibt. Jeder Hund, der Zähne im Maul hat, könnte auch zubeißen, wenn er sich bedroht fühlt, Schmerzen hat oder etwas verteidigen möchte. Aggressives Verhalten gehört zum Normalverhalten des Hundes.

Wenn Hunde ein Aggressionsproblem haben, heißt das nicht, dass man sie absichtlich scharf gemacht hat. Im Gegenteil, die meisten Hundehalter sind schockiert vom Verhalten ihres Tieres. Oft passiert es ganz aus Versehen, dass die Aggression des Hundes durch die Besitzer verstärkt wird. Diese geben sich redlich Mühe, dem Hund das aggressive Verhalten mit Beruhigen, Schimpfen oder Bestrafung abzuerziehen, aber leider sind alle Bemühungen erfolglos. Im Gegenteil, das Verhalten des Tieres wird immer schlimmer, und die Besitzer wissen sich keinen Rat mehr. Ein großes Missverständnis zwischen Hund und Halter ist hier häufig die Ursache. Professionelle Hilfe durch einen auf Verhaltenstherapie spezialisierten Tierarzt ist dringend anzuraten!

Einen aggressiven Hund darf man nicht beruhigen, er fühlt sich sonst belohnt!

Was tun, wenn sich der eigene Hund aggressiv verhält?

Wenn man sich im kritischen Moment richtig verhält, gelingt es häufig noch, Schlimmes zu verhüten. Reagiert man falsch, kann die Situation außer Kontrolle geraten, und es könnte womöglich zum Biss kommen. Was soll man tun, wenn der eigene Hund einen selbst, ein Familienmitglied oder jemand anderes bedroht?

Die wichtigste Regel lautet: Man vermeidet alles, was den Hund bedrängen oder provozieren und die Aggression noch verstärken könnte. Einen aggressiven Hund darf man daher weder schimpfen, schlagen noch anders bestrafen. Halten Sie Abstand! Oberstes Gebot ist der Schutz des Menschen. Weder Sie noch andere Personen dürfen gebissen werden! Man sollte auch nicht versuchen, den Hund zu beruhigen, indem man ihn z.B. streichelt, weil dies sein aggressives Verhalten bestärken könnte. Außerdem gefährdet man sich selbst, wenn man einen Hund anfasst, der aggressiv gestimmt ist.

Am besten bricht man die Situation ab, sodass kein Schaden angerichtet werden kann. Das heißt z.B., dass man den Hund an der Leine aus der Situation wegführt, sodass er denjenigen, den er bedroht, nicht mehr sehen kann. Wenn Sie selbst bedroht werden, brechen Sie die Situation ab, indem Sie den Hund nicht weiter herausfordern, sondern sich abwenden (s. u.).

In der Gefahrensituation ist das Abwenden der Gefahr das Wichtigste. Der Mensch sollte sich auf keinen Fall auf das aggressive Niveau des Hundes begeben, indem er selbst mit Schimpfen oder Strafen reagiert und sich somit gefährdet. Die wirkliche Lösung des Problems und sinnvolle Erziehungsmaßnahmen können erst später erfolgen, wenn die Gefahrensituation vorbei ist (siehe S. 94 ff.).

Wenn Ihr Hund Sie selbst oder jemand anderes bedroht, sollten Sie die Situation sofort abbrechen. Oberste Priorität hat der Schutz des Menschen! Auf keinen Fall dürfen Sie den Hund bestrafen, provozieren oder ihn beruhigen.

Folgendes Beispiel von Herrn Müller soll verdeutlichen, warum sowohl Bestrafen als auch Beruhigen die falschen Reaktionen auf das aggressive Verhalten eines Hundes sind.

?! Beispiel: Der Hund von Herrn Müller bellt und knurrt einen anderen Hund an.

Beruhigen: Folgendes passiert, wenn Herr Müller versucht, den Hund zu beruhigen:

„Sei jetzt schön brav! Du musst dich doch gar nicht aufregen!“

„Herrchen findet, dass ich ganz brav bin. Er freut sich über mein Knurren!“

Wie kommt das Missverständnis zustande? Herr Müller bedenkt nicht, dass sein Hund den Inhalt von Sätzen nicht verstehen kann. Der Hund achtet dagegen auf den Klang der Stimme und die Körpersprache seines Besitzers. Er bezieht die freundlichen Worte auf sein Verhalten und denkt, dass sein Knurren erwünscht ist, weil er gestreichelt wird und Herr Müller nett mit ihm spricht.

Wenn man versucht, einen aggressiven Hund zu beruhigen, könnte er das als Lob und Belohnung missverstehen.

Schimpfen und Bestrafen: Folgendes passiert, wenn Herr Müller seinen Hund schimpft oder bestraft:

„Schluss jetzt! Wirst Du wohl Ruhe geben!“

„Herrchen ist ganz aufgeregt! Er ist genauso wütend wie ich über den anderen Hund und hilft mir beim Angriff.“

Wie kommt das Missverständnis zustande? Der Hund versteht nicht die Worte, sondern merkt lediglich die Aufregung seines Besitzers und die verbindet er mit dem anderen Hund.

Herr Müller ruckt am Halsband und schlägt seinen Hund sogar vor Zorn.

„Das tut weh! Ich habe Schmerzen, wenn der andere Hund da ist. Er ist für mich unangenehm!"

Folge: Beim nächsten Mal wird der Hund von Herrn Müller wieder aggressiv reagieren, wenn er den anderen Hund sieht.

Achtung: Diese Reaktionen von Herrn Müller sind sogar für ihn selbst gefährlich: Der Hund könnte sich umdrehen und seinen Besitzer beißen, um sich zu wehren.

Einen aggressiven Hund darf man nicht strafen, weil dies die Aggression noch steigert.

Einen aggressiven Hund darf man nicht schimpfen, weil er dies als „Mitbellen" und Verstärkung missverstehen könnte. Man darf ihn nicht bestrafen, da er dadurch noch aufgeregter und aggressiver werden kann. Außerdem besteht die Gefahr, dass sich der Hund umdreht und seinen Besitzer beißt.

Was kann Herr Müller tun?

Er darf seinen Hund nicht beruhigen, er darf ihn nicht schimpfen oder bestrafen. Da bleibt nur eine Möglichkeit: Herr Müller muss sich wortlos abwenden, weggehen und seinen Hund aus der Situation herausführen – ohne Leinenruck und Schimpfen! Erst wenn der Hund wieder ruhig ist, darf er ihn wieder beachten.

Am besten geht Herr Müller zu einem Tierarzt, der sich auf Verhaltenstherapie spezialisiert hat. Mit einem Verhaltenstraining kann man erreichen, dass der Hund umlernt und friedlicher wird. In nächster Zeit sollte Herr Müller vermeiden, dass wieder die Problemsituation entsteht. Er sollte beim Spaziergang sehr aufmerksam sein. Wenn er einen anderen Hund kommen sieht, sollte Herr Müller seinen eigenen Hund SITZ machen lassen und auf sich konzentrieren. Dabei ist es wichtig, dass Herr Müller rechtzeitig reagiert, d. h. bevor sich sein Hund aufregt.

Wenn Ihr Hund an der Leine andere Menschen oder Hunde anknurrt oder anbellt, sollten Sie sich abwenden und den Hund aus der Situation möglichst ruhig herausführen. Sie sollten mit Hilfe eines Spezialisten ein Verhaltenstraining durchführen.

Die folgenden Beispiele zeigen Situationen, bei denen es zu einem Biss kommen kann, wenn man falsch reagiert. Wir empfehlen Ihnen „Erste-Hilfe-Maßnahmen“, um die Situation zu entschärfen und die Gefahr abzuwenden. Diese Maßnahmen bergen – im Gegensatz zu anderen Empfehlungen – das geringste Risiko gebissen zu werden. Sie helfen, die konkrete Gefahrensituation zu bewältigen. Aber sie bringen keine Lösung des zugrunde liegenden Problems und haben keinen sinnvollen erzieherischen Effekt. Ebenso, wie ein verletzter Hund nach den Erste-Hilfe-Maßnahmen zum Tierarzt zur weiteren Behandlung muss, ist auch mit einem Hund, der einmal ein aggressives Verhalten gegenüber einem Menschen gezeigt hat, eine verhaltenstherapeutische Behandlung durchzuführen (siehe S. 97). Bis dahin vermeiden Sie gefährliche Situationen bitte vorausschauend.

So ist es richtig: Ist der eigene Hund aggressiv, wendet man sich ab und unterbricht die Situation.

Jeder Hund ist ein Individuum, und nicht alle Hunde reagieren gleich. Es gibt keine hundertprozentig sichere Lösung, wenn es kritisch wird! Daher ist das vorausschauende Handeln im Vorfeld das Allerwichtigste!

?! Beispiel: Ihr Hund liegt auf dem Sessel und knurrt Sie an. Was sollen Sie tun?

So sollen Sie reagieren:
Wenden Sie sich wortlos ab.

Begründung:
In diesem kritischen Moment, in dem Sie von dem Hund bedroht werden, können Sie ihn sowieso nicht erziehen. Strafen oder Beruhigen sind die falschen Maßnahmen. Es bleibt Ihnen

So ist es richtig: Mit einem problematischen Hund muss man ein ruhiges Verhalten trainieren.

somit nichts anderes übrig, als sich abzuwenden und dann wegzugehen. Das Knurren ist für Sie jedoch ein Warnsignal, das Ihnen zeigt, dass die Beziehung zwischen Ihnen und Ihrem Hund nicht in Ordnung ist. Da müssen Sie etwas Grundlegendes tun:

- Suchen Sie sich professionelle Unterstützung! Am besten wenden Sie sich an einen verhaltenstherapeutisch tätigen Tierarzt. Er wird herausfinden, was die Ursache des Problems ist und wird Ihnen zeigen, was Sie zur Lösung tun können.
- Lassen Sie den Hund in Zukunft auf keine Möbel mehr. Vorerst sollte Ihr Hund in der Wohnung Halsband und Leine tragen, damit Sie ihn daran wortlos (aus sicherer Entfernung) vom Sessel herunterziehen können, wenn er hinaufspringt. Achten Sie zukünftig auf die sinnvollen Alltagsregeln (siehe S. 46 ff.)

Was Sie *nicht* tun dürfen:
Auf keinen Fall dürfen Sie, wenn Sie angeknurrt werden, schimpfen, den Hund schlagen oder anders bestrafen! Sie dürfen auch nicht versuchen, den Hund vom Sessel herunterzudrängen. Außerdem wäre es zu gefährlich, das Knurren zu ignorieren und sich einfach neben den Hund zu setzen.

Begründung:

- Wenn Sie den Hund bestrafen oder bedrängen oder ihm auch einfach nur zu nahe kommen, könnte er beißen. Es könnte einen Kampf geben, bei dem Sie verletzt werden. Daher unbedingt Hände weg!
- Wenn Sie den Hund schimpfen, ihn bedrängen oder schlagen, lernt der Hund, dass es beim nächsten Mal nicht ausreicht zu knurren. Womöglich wird er dann beim nächsten Mal schnappen oder gleich zubeißen, um Sie abzuwehren.
- Wenn Sie den Hund bestrafen und er jetzt klein beigibt, ist es nicht gesagt, dass er nicht beim nächsten Mal wieder aggressiv reagieren wird. Durch Bestrafen erreichen Sie keine wirkliche Besserung. Das Knurren ist als Warnsignal zu verstehen, dass die Beziehung zwischen Ihnen und Ihrem Hund nicht in Ordnung ist. Hier muss die Ursache behandelt werden. Wenn Sie dem Hund mit Gewalt zeigen, wer der Stärkere ist, hilft das nicht wirklich und auf Dauer, denn Sie behandeln so nicht die Ursache des Problems.
- Aggressives Verhalten hat seine Ursache sehr häufig in Unsicherheit. Wenn es sich um einen Hund handelt, der Menschen misstraut oder

der leicht zu verunsichern ist, dann besteht die Gefahr, dass durch Schimpfen, Bedrängen oder Schlagen der Hund noch misstrauischer wird. Er wird den Menschen dann umso mehr als Bedrohung ansehen und sich und seinen Platz womöglich umso stärker gegen seinen Besitzer verteidigen.

Was Sie auch *nicht* tun dürfen:
Auf keinen Fall dürfen Sie versuchen, den Hund jetzt zu beruhigen. Sie dürfen jetzt auch nicht mit dem Hund sprechen oder ihn mit Futter locken.

Begründung:
Wenn Sie den Hund beruhigen, mit ihm sprechen oder ihm sogar Futter anbieten, wenn er knurrt, denkt Ihr Hund, dass es sich für ihn lohnt zu knurren. Sie belohnen so den Hund für das Knurren! Beim nächsten Mal wird Sie der Hund womöglich wieder anknurren.

Wenn Sie angeknurrt werden: Vorsicht! Wenden Sie sich jetzt wortlos ab. Sie dürfen den Hund jetzt weder bestrafen noch wegdrängen und auch nicht versuchen, ihn zu beruhigen. Das Knurren ist ein Warnsignal, das Ihnen zeigt, dass etwas Grundlegendes in Ihrer Beziehung zum Hund nicht stimmt. Dieses Problem müssen Sie (später, und nicht in der Gefahrsituation) richtig angehen, am besten mit professioneller Hilfe!

?! Beispiel: Ihr Hund knurrt Sie an, wenn Sie sich ihm und seinem Futternapf nähern.

So sollen Sie reagieren:
Wenden Sie sich wortlos ab und lassen Sie ihn erst einmal in Ruhe. Nehmen Sie aber das Knurren ernst und suchen Sie professionelle Hilfe.

Was Sie *nicht* tun dürfen:
Auf keinen Fall dürfen Sie, wenn Sie angeknurrt werden, schimpfen und den Hund bestrafen oder versuchen ihm das Futter wegzunehmen. Sie dürfen ihn auch nicht beruhigen, mit ihm sprechen oder mit Futter locken.

Begründung und Maßnahmen:
Siehe Beispiel: Ihr Hund liegt auf dem Sessel und knurrt Sie an, S. 107.

Bitte beachten Sie zusätzlich:
- Nehmen Sie dem Hund nicht (mehr) das Futter weg. Er soll in Ihnen keine Konkurrenz sehen.
- Lassen Sie den Hund in Zukunft SITZ machen und warten, bevor Sie ihm seinen Futternapf hinstellen. Lassen Sie ihn in Ruhe fressen. Räumen Sie später, wenn der Hund gegangen ist, den Futternapf weg.

Wenn Ihr Hund sein Futter vor Ihnen verteidigt, stimmt etwas in Ihrer Beziehung zum Hund nicht. Sie könnten gebissen werden, wenn Sie jetzt den Hund bestrafen oder ihm das Futter wegnehmen. Wenden Sie sich in dieser kritischen Situation lieber wortlos ab, und nehmen Sie das Knurren als Anlass, mit Ihrem Hund ein Verhaltenstraining zu beginnen.

?! Beispiel: Ihr Hund knurrt Sie an, wenn Sie ihn abputzen.

So sollen Sie reagieren:
Hören Sie sofort mit dem Abputzen auf. Halten Sie zuerst kurz still, wenn der Hund knurrt. Einen Moment später, wenn der Hund aufhört zu knurren, entfernen Sie sich wortlos. Natürlich muss dann das Problem grundlegend behandelt werden. Am besten beginnen Sie mit einem (professionell geleiteten) Verhaltenstraining.

Was Sie *nicht* tun dürfen:
Sie dürfen den Hund weder schimpfen noch bestrafen oder weiter abputzen. Sie dürfen auch nicht versuchen den Hund zu beruhigen.

Begründung und Maßnahmen:
Siehe Beispiel: Ihr Hund liegt auf dem Sessel und knurrt Sie an, S. 107.

Bitte beachten Sie zusätzlich:
- Unterlassen Sie vorerst das Pfotenabputzen, Bürsten und ähnliche Maßnahmen.
- Es könnte sein, dass Ihr Hund Schmerzen hat und deswegen geknurrt hat. Dies sollten Sie als Erstes abklären und gegebenenfalls das gesundheitliche Problem behandeln lassen.
- Gewöhnen Sie Ihren Hund nach und nach in kleinen Schritten an diese Maßnahmen und belohnen Sie ihn für friedliches Verhalten. Üben Sie beispielsweise das Pfotenputzen häufig und ganz kurz und „zärtlich“, z.B. wenn Sie mit Ihrem Hund spielen oder schmusen und wenn die Pfoten gar nicht dreckig sind.

Wenn Sie Ihr Hund beim Abputzen oder bei anderen Berührungen anknurrt, stimmt wahrscheinlich etwas in Ihrer Beziehung zum Hund nicht oder er hat Schmerzen. Sie könnten gebissen werden, wenn Sie jetzt nicht vorsichtig sind. Hören Sie besser sofort mit dem Abputzen auf. Suchen Sie Rat bei einem Spezialisten für Verhaltenstherapie.

?! Beispiel: Ihr Hund knurrt das Baby an, das an sein Spielzeug will.

Achtung: Diese Situation ist ganz kritisch! Wenn Sie nicht eingreifen, spitzt sich der Konflikt zu, und das Baby könnte gebissen werden. Aber auch, wenn Sie falsch reagieren, könnte es zu einer Verletzung des Kindes kommen. Somit ist man in einem Dilemma: Was man auch tut, es gibt keine hundertprozentig sichere Lösung. Jeder Hund ist eine individuelle Persönlichkeit, sodass es leider kein „Patentrezept" geben kann. Wir können Ihnen nur die Empfehlungen mit den geringsten Risiken geben, aber keine Gewähr für deren Erfolg übernehmen. Diese Situation ist sehr riskant und sollte unbedingt im Vorfeld vermieden werden (siehe S. 58 ff.)!

So sollen Sie reagieren:
Am besten ist es, die Aufmerksamkeit des Hundes zu gewinnen und ihn damit aus der „aggressiven Fixierung" auf das Kind herauszuholen. Dabei sollte man möglichst vermeiden, den Hund oder auch das Kind zu erschrecken.

Wie man am besten die Aufmerksamkeit des Hundes gewinnt und wie man die Situation unterbricht, hängt vom Hund und der Situation ab. Ist der Hund noch für Kommandos zugänglich und hat er einen guten Gehorsam, kann man ihn zu sich rufen oder SITZ oder PLATZ machen lassen. Ist nicht zu erwarten, dass der Hund in dieser Situation gehorcht, könnte ein ablenkendes Geräusch, eventuell das Klappern mit der Futterpackung oder der aufmunternde Ruf „Gassi gehen!" die Aufmerksamkeit des Hundes erregen, sodass er seinen Besitzer ansieht und dann für weitere Kommandos zugänglich wird.

Begründung: In diesem kritischen Moment, in dem das Kind von dem Hund bedroht wird, müssen Sie als Erste-Hilfe-Maßnahme die Situation unterbrechen und so entschärfen. Strafen, Schimpfen oder Hinzurennen sind die falschen Maßnahmen, denn sie sind riskant.

Das Knurren ist für Sie ein wichtiges Warnsignal. Da müssen Sie etwas Grundlegendes tun:
- Lassen Sie Hund und Kind nie miteinander alleine!
- Wenden Sie sich unbedingt an einen verhaltenstherapeutisch tätigen Tierarzt. Er wird herausfinden, was die Ursache des Problems ist und wird Ihnen zeigen, was Sie zur Lösung tun können.
- Gewöhnen Sie den Hund (in kleinen Schritten, mit Futterbelohnung) an einen Maulkorb. In Zukunft soll der Hund den Maulkorb tragen, wenn er mit dem Kind Kontakt hat.

- Geben Sie Ihrem Hund klare Führungssignale und Alltagsregeln und machen Sie ihn damit kontrollierbarer (siehe S. 46 ff.).
- Lesen Sie das Kapitel „Familie“ (S. 58 ff.).
- Schaffen Sie in der Wohnung getrennte Bereiche für Hund und Kind. Der Hund soll Rückzugsbereiche haben, an denen er vor dem Kind sicher ist und umgekehrt.
- Lassen Sie in Zukunft kein Spielzeug in der Wohnung herumliegen, wenn der Hund dabei ist. Dies gilt sowohl für das Spielzeug des Hundes als auch für das des Kindes.

Was Sie *nicht* tun dürfen:

1. Sie dürfen jetzt nicht aufgeregt hinlaufen, das Kind packen und laut schimpfen.
2. Auf keinen Fall dürfen Sie jetzt mit dem Hund schimpfen, ihn schlagen oder anders bestrafen!

Begründung:

- Wenn Sie aufgeregt schreiend auf den Hund zulaufen, kann dies erst recht dazu führen, dass der Hund das Kind beißt. Denn zum einen könnten sich Hund oder Kind dabei erschrecken und infolge dessen unberechenbar reagieren. Plötzliches Schreien und Strampeln des Babys, wenn dieses erschrickt, könnte die Situation noch weiter zuspitzen. Die Annäherung des Besitzers könnte der Hund auch zum anderen als soziale Unterstützung ansehen. Dadurch könnte er sich ermutigt fühlen, das Kind zu beißen. Ebenso können Anschreien oder Schläge dazu führen, dass der Hund beißt.
- Wenn Sie den Hund bestrafen, lernt der Hund, dass die Nähe des Kindes für ihn etwas Bedrohliches ist. Er lernt, dass es ihm schlecht ergeht, wenn das Kind da ist. So wird er in Zukunft womöglich noch aggressiver auf das Kind reagieren.
- Wenn Sie den Hund schimpfen, schlagen oder anders bestrafen, könnte er Sie selbst beißen.
- Durch Bestrafen erreichen Sie keine Besserung, denn Sie behandeln so nicht die Ursache des Problems. Es ist zu befürchten, dass der Hund beim nächsten Mal wieder aggressiv reagieren wird.

Wenn Ihr Hund ein Kind bedroht: Gewinnen Sie die Aufmerksamkeit des Hundes und holen Sie ihn damit aus der „aggressiven Fixierung“ auf das Kind heraus. Vermeiden Sie dabei, Hund oder Kind zu erschrecken. Das Knurren ist ein Warnsignal, das Sie unbedingt ernst nehmen müssen. Dieses Problem müssen Sie mit Hilfe eines Verhaltentherapeuten angehen.

?! Beispiel: Ihr Hund knurrt aus einiger Entfernung das Baby an, das vorbeikrabbelt.

So sollen Sie reagieren:
Bitte erst einmal ruhig bleiben! Rufen Sie das Kleinkind, locken Sie es zu sich, so dass es zu Ihnen krabbelt oder sitzen bleibt. Oder rufen Sie den Hund zu sich. Ziel ist, dass sich Hund und Kind nicht weiter nahe kommen. Jedes Hinrennen, Schimpfen, Bestrafen oder Beruhigen kann die Aggression verstärken. Bringen Sie den Hund anschließend in ein anderes Zimmer.

Nehmen Sie das Knurren aber als wichtiges Warnsignal. Hier ist die Beziehung zwischen Hund und Kind nicht in Ordnung, und aus dem Knurren kann noch viel Schlimmeres werden. Suchen Sie möglichst umgehend Rat bei einem auf Verhaltenstherapie spezialisierten Tierarzt!

Manche Hundehalter meinen, ein Hund hätte das Recht, Kinder anzuknurren, wenn er seine Ruhe haben möchte. Aber ein Recht zu aggressivem Verhalten gibt es nicht! Es mag vielleicht verständlich sein, dass ein Hund sich wehrt, aber es ist nicht gutzuheißen oder zu akzeptieren. Das heißt nicht, dass Sie den Hund bestrafen sollen. Im Gegenteil, durch Strafe fühlt sich der Hund in Gegenwart des Kindes noch weniger wohl und wird wahrscheinlich wieder aggressiv reagieren, wenn sich das Kind nähert.

Wenn Sie bei Ihrem Hund auch nur leichte Anzeichen von Drohung Ihrem Kind gegenüber wahrnehmen (z.B. angespanntes Anstarren, Lefze heben, Zähne zeigen), dürfen Sie keine Zeit verschenken: Lassen Sie Hund und Kind auf keinen Fall auch nur einen Moment allein, schaffen Sie getrennte Bereiche, gewöhnen Sie den Hund an einen Maulkorb usw. (siehe Beispiel: Hund knurrt Baby an, das an sein Spielzeug will, und siehe S. 58 ff.).

Wenn Ihr Hund Ihr Kind anknurrt, ist dies ein sehr ernst zu nehmendes Warnsignal. Es wäre leichtsinnig, den Vorfall auf die leichte Schulter zu nehmen. Seien Sie gewarnt und entsprechend vorsichtig und suchen Sie unbedingt die Hilfe eines erfahrenen Tierarztes für Verhaltenstherapie.

?! Beispiel: Ihre Tante kommt zu Besuch und wird von Ihrem Hund bedroht. Er knurrt und bellt. Wie sollen Sie reagieren?

Sagen Sie zuerst zu Ihrer Tante, dass sie unbedingt ruhig stehen bleiben, dem Hund nicht in die Augen schauen und ihn auf keinen Fall anfassen soll. Versuchen Sie dann, die Aufmerksamkeit des Hundes zu gewinnen und ihn damit aus der „aggressiven Fixierung“ auf die Tante herauszuholen. Wie man am besten die Aufmerksamkeit des Hundes gewinnt und wie man die Situ-

Achtung: Für diese kritische Situation gibt es keine hundertprozentig sichere Lösung. Vermeiden Sie unbedingt im Vorfeld, dass Ihr Hund Besucher bedroht. Wenn Sie wissen, dass Ihr Hund bei Besuch bellt, halten Sie ihn unter Kontrolle, bevor Sie die Tür öffnen.

ation unterbricht, hängt vom Hund und der Situation ab. Ist der Hund noch für Kommandos zugänglich und hat er einen guten Gehorsam, kann man ihn zu sich rufen oder SITZ oder PLATZ machen lassen. Ist nicht zu erwarten, dass der Hund in dieser Situation gehorcht, könnte ein ablenkendes Geräusch, eventuell das Klappern mit der Futterpackung, die Aufmerksamkeit des Hundes erregen, sodass er seinen Besitzer ansieht und dann für weitere Kommandos zugänglich wird. Bringen Sie den Hund dann in einen anderen Raum und verschließen Sie die Tür. Lassen Sie Ihren Hund auf gar keinen Fall mit Ihrem Besuch alleine, auch wenn Sie den Eindruck haben, der Vierbeiner hätte sich beruhigt.

Dieses Problem müssen Sie später, nicht in der Gefahrensituation (denn hier geht es nur um die Entschärfung der Situation), richtig angehen. Fragen Sie einen verhaltenstherapeutisch tätigen Tierarzt. Der Hund soll im Verhaltenstraining schrittweise lernen, Besucher zu tolerieren und sich ruhig zu verhalten (siehe S. 65 ff.).

Was Sie *nicht* tun dürfen:
Sie sollten nicht aufgeregt rufend auf den Hund zulaufen und dürfen den Hund weder schimpfen noch bestrafen, solange er sich aggressiv verhält, denn dies kann seine Aggression und Aufregung steigern. Er könnte dann entweder den Besuch oder Sie beißen. Außerdem würde der Hund lernen, dass Besuch für ihn unangenehm ist, oder er denkt, dass Sie „mitbellen“. Versuchen Sie auch nicht, den Hund zu beruhigen. Er meint sonst, dass Sie mit seinem aggressiven Verhalten zufrieden sind.

Wenn Ihr Hund keinen Besuch akzeptiert, seien Sie auf der Hut und halten Ihr Tier unter Kontrolle. Vermeiden Sie im Vorfeld, dass Ihr Besuch erschreckt oder bedroht wird, z.B. indem Sie Ihren Hund in ein anderes Zimmer bringen, wenn der Besuch kommt. Im Notfall gilt: die Aufmerksamkeit des Hundes gewinnen und dem Besuch sagen, wie er sich verhalten soll, damit es zu einer Entschärfung der Situation kommt.

?! Beispiel: Ihr Hund bedroht beim Spaziergang Passanten. Wie sollen Sie reagieren?

So sollen Sie reagieren:
Entschuldigen Sie sich bei dem Passanten, wenden Sie sich ab und führen Sie – ohne Leinenruck – den Hund wortlos hinter sich her. Wenn der Hund ruhig ist, lassen Sie ihn SITZ machen und loben ihn für den Gehorsam. Wenn Sie einen Passanten sehen, sollten Sie den Hund SITZ oder PLATZ machen lassen, bevor er sich aufregt, sodass sich der Hund auf Sie konzentriert. Dieses Problem müssen Sie (später, und nicht in der Gefahrsituation) richtig angehen, am besten mit professioneller Hilfe! Der Hund soll im Verhaltenstraining schrittweise lernen, Passanten zu tolerieren und sich ruhig zu verhalten bzw. seine Angst vor fremden Menschen zu überwinden.

Was Sie *nicht* tun dürfen:
Sie dürfen mit dem Hund weder schimpfen noch ihn bestrafen, sonst lernt der Hund, dass Passanten für ihn unangenehm sind, oder er denkt, dass Sie „mitbellen". Versuchen Sie auch nicht, den Hund zu beruhigen. Er meint sonst, dass Sie mit seinem aggressiven Verhalten zufrieden sind.

Begründung:
Siehe Beispiel von Herrn Müller und seinem Hund (S. 105 ff.).

Wenn Ihr Hund fremde Menschen bedroht, dürfen Sie ihn weder schimpfen, strafen noch beruhigen. Dies steigert nur seine Aggression. Führen Sie den Hund aus der Situation, ohne direkt auf ihn einzugehen. Mit einem Verhaltenstraining kann man dieses gefährliche Fehlverhalten in den Griff bekommen.

RECHTLICHE BESTIMMUNGEN

Straßenverkehrsordnung

Die Straßenverkehrsordnung regelt nicht nur, wie sich Pkws und Fahrradfahrer auf den Straßen zu verhalten haben, sondern sie legt auch bestimmte Regeln für Fußgänger fest, die Hunde führen.

So besteht gemäß **§ 28 Abs. 1** der Straßenverkehrsordnung ein generelles Fernhaltegebot für Hunde von der Straße, d. h. Autos, Fahrradfahrer und Fußgänger haben Vorrang. Das bedeutet aber nicht, dass Hunde auf der Straße nicht zugelassen sind, diese müssen jedoch von einer geeigneten Person geführt werden, die ausreichend Einwirkung auf das Tier hat. Auf stark befahrenen Straßen muss jeder Hund angeleint sein. Auf Straßen mit wenig Verkehr können Hunde durch Zuruf oder Zeichen, d. h. also frei laufend geführt werden. Sie müssen hierfür natürlich gehorchen. In vielen Gemeinden ist gemäß entsprechender Gemeindeverordnungen das angeleinte Führen in bebauten Gebieten vorgeschrieben. Bitte erkundigen Sie sich bei Ihrer Gemeinde diesbezüglich. Da Fußgänger außerhalb geschlossener Ortschaften immer links gehen müssen (also dem Fahrverkehr entgegen), wird auch der Hund hier links geführt (vom Fahrverkehr weg). Hieraus hat sich übrigens das im Hundesport übliche Linksführgebot entwickelt. Vom Fahrrad aus gilt beim Mitführen eines Hundes das Rechtsführgebot, da Fahrradfahrer immer die rechte Straßenseite zu benutzen haben und so der Hund wieder vom Fahrverkehr weggeführt wird. Nicht aus tierschutzrechtlichen Gründen, sondern gemäß der Straßenverkehrsverordnung ist es verboten, seinen Hund frei laufend von einem Kraftfahrzeug aus, auch einem geparkten Kraftfahrzeug, zu führen, da im Bedarfsfall der Hundehalter hier wiederum eindeutig nicht schnell genug und ausreichend auf seinen Hund einwirken könnte.

An stark befahrenen Straßen muss der Hund angeleint geführt werden. Am besten führen Sie den Hund auf der vom Verkehr abgewandten Seite.

§ 23 Abs. 1 der Straßenverkehrsordnung besagt, „dass ein Fahrzeugführer dafür verantwortlich ist, dass seine Sicht und das Gehör nicht durch die Besetzung, Tiere, die Ladung, Geräte oder den Zustand des Fahrzeugs beeinträchtigt werden.“ Da gerade bei Tieren die Gefahr besteht, dass sie im Auto unvermittelt herumspringen, sind sie durch Absperrungen oder Gurt so zu sichern, dass die Verkehrssicherheit des Fahrzeuges gewährleistet ist. Andernfalls begeht der Fahrer einen Verstoß gegen die Straßenverkehrsordnung, der mit Geldbußen und Punkten in Flensburg geahndet werden kann. Außerdem kann ein ungesicherter Hund bei einem Unfall zum „tödlichen Geschoss“ werden.

Der Hund ist im Auto so zu verwahren, dass die Verkehrssicherheit des Fahrzeuges nicht beeinträchtigt wird.

Tierhalterhaftung (§ 833 Bürgerliches Gesetzbuch)

Da ein Hund nicht vorsätzlich oder fahrlässig handeln kann, haftet der Hundehalter grundsätzlich immer für den Schaden, den sein Hund im weitesten Sinne verursacht hat, auch wenn er selbst keine Schuld hatte. Da bei Hunderaufereien bereits die Anwesenheit eines Hundes der Auslöser für aggressives Verhalten beim anderen Hund sein kann, wird normalerweise der Schaden gegenseitig angerechnet. Dies bedeutet, dass der Besitzer des geschädigten Hundes fast nie zu 100 % Schadenersatz erhält, sondern nur anteilig bis zu 50 %. Wenn ein schuldhaftes Verhalten seitens des Tathundbesitzers vorliegt, wie z.B. Nichteinhaltung eines Leinen- oder Maulkorbzwanges bei einem aggressiven Hund, kann der Geschädigte auf Verschuldenshaftung (§ 823/I Bürgerliches Gesetzbuch) klagen. Bei Haltung eines sogenannten Funktionshundes (Blindenhund, Polizeihund, Rettungshund, ausgebildeter Jagdhund des Berufsjägers) ist das Gefährdungshaftungsprinzip durchbrochen: D. h. wird jemand durch einen Funktionshund geschädigt, muss dessen Besitzer nur dann Schadenersatz leisten, wenn er schuldhaft gehandelt hat und seine Sorgfaltspflicht verletzt hat. Die Beweislast liegt beim Geschädigten.

Der Hundehalter haftet grundsätzlich immer für den Schaden, den sein Hund im weitesten Sinne verursacht hat, auch ohne eigenes Verschulden. Bei Hunderaufereien wird der Schaden normalerweise 50:50 angerechnet, unabhängig davon, welcher Hund der Verursacher war, da allein die Anwesenheit eines anderen Hundes aggressives Verhalten provozieren kann.

Ordnungswidrigkeitengesetz (OWiG, § 121)

Ein Hundebesitzer begeht ein „deliktisches Verwaltungsunrecht“, wenn er seinen „bösartigen“ Hund frei herumlaufen lässt. Bösartig ist ein Hund auch dann, wenn er einen Menschen anfällt, ohne ihn zu verletzen. Die Beweislast liegt wiederum beim Geschädigten bzw. Beschwerdeführer.

Bundesjagd- und Bundeswaldgesetz

Das Bundesjagdgesetz (BJagdG) ist ein Rahmengesetz, welches in Deutschland das Jagdrecht regelt. Nähere Einzelheiten bezüglich der Jagdausübung, der jagdbaren Tiere sowie des Schutzes des Wildes (Jagdschutz § 23 BJagdG) vor wildernden Hunden regeln die Länder in ihren jeweiligen Landesgesetzen.

Die schärfsten Bestimmungen nach Jagdgesetz haben Sachsen-Anhalt, Saarland und Brandenburg. Hier gilt Tötungsrecht bereits, wenn sich der Hund nicht im Einwirkungsbereich des Hundeführers befindet. Die großzügigsten Bestimmungen haben Hessen, Baden-Württemberg und Bayern. Hier darf ein Hund nur getötet werden, wenn er im Jagdrevier erkennbar dem Wild nachstellt und dieses gefährden könnte.

Außer dem Bundesjagdgesetz gibt es das Bundeswaldgesetz (BWaldG), das wiederum Rahmenvorschriften für die Landesgesetzgebung liefert. So können gemäß § 13 BWaldG (Erholungswald) die Länder Vorschriften erlassen, wie sich Waldbesucher zu verhalten haben.

Leinenpflicht im Wald besteht z.B. in Brandenburg, Hamburg, Mecklenburg-Vorpommern, Schleswig-Holstein, Thüringen, in Berlin außerhalb von gekennzeichneten Auslaufflächen, in Nordrhein-Westfalen außerhalb von Wegen und in Sachsen-Anhalt vom 1. März bis 15. Juli sowie in Niedersachsen vom 1. April bis 15. Juli. Letztere zeitlich begrenzte Leinenpflicht gilt in diesen beiden Ländern auch in der freien Feldflur.

Im Wald finden also Jagdgesetz **und** Waldgesetz Anwendung, darüber hinaus können in Naturschutzgebieten nochmals verschärfte Bestimmungen gelten. Achten Sie deswegen als Hundehalter bitte auf die Gebietsausschilderungen und erkundigen Sie sich bei Ihrer Gemeinde nach den jeweiligen Vorschriften.

In manchen Bundesländern besteht Leinenpflicht im Wald sowie zeitweise auch in der freien Feldflur.

Tollwutverordnung

Gemäß § 7 hat die zuständige Behörde bei tollwutverdächtigen Hunden oder Katzen die Tötung und unschädliche Beseitigung anzuordnen. Bei nachweislich unter wirksamem Impfschutz

Wenn Ihr Hund Wild hinterherläuft, kann er vom Jäger erschossen werden.

stehenden Haustieren kann die Behörde jedoch auch die Beobachtung bis zur Bestätigung oder Beseitigung des Verdachts anordnen. Laut § 1 Abs. 3b besteht bei Hunden und Katzen ein wirksamer Impfschutz, wenn im Falle von Wiederholungsimpfungen die Impfungen jeweils innerhalb des Zeitraumes durchgeführt worden sind, den der Impfserumhersteller angibt.

Ist der Ausbruch oder der Verdacht des Ausbruchs der Tollwut bei einem Haustier oder einem wild lebenden Tier amtlich festgestellt worden und kann eine Ausbreitung nicht ausgeschlossen werden, so kann die zuständige Behörde in einem Radius von 40 Kilometern dieses Gebiet zum **tollwutgefährdeten Bezirk** erklären (§ 8). In diesem Gebiet dürfen schutzgeimpfte Hunde frei laufend geführt werden, wenn sie zuverlässig gehorchen. Das frei laufende Führen der Hunde ist nur dann zulässig, wenn sie ein Halsband oder Brustgeschirr tragen, an dem eine Steuermarke oder ein Anhänger mit Name und Adresse des Besitzers angebracht ist (§ 5).

In einem tollwutgefährdeten Bezirk müssen frei laufend geführte Hunde schutzgeimpft sein, zuverlässig gehorchen und ein Halsband mit Steuermarke oder Adresse des Besitzers tragen.

Strafgesetzbuch

Wenn ein Hund eine Person beißt oder anderweitig verletzt, z.B. durch Kratzen oder Umwerfen, gilt dies als Tatbestand der fahrlässigen Körperverletzung und ist strafbar. Auch wenn ein Hund eine Person anspringt oder anbellt und die Person, z.B. ein Kind, dadurch einen psychischen Schaden davonträgt, ist der Tatbestand der fahrlässigen Körperverletzung erfüllt (§§ 223, 230 StGB). Die Straftat der vorsätzlichen, gefährlichen Körperverletzung begeht ein Hundebesitzer, der seinen Hund auf eine andere Person hetzt und dessen Hund die Person beißt oder verletzt. Der Hund wird im Rechtssinne einer Waffe oder einem gefährlichen Werkzeug gleichgestellt. Die Straftat der Sachbeschädigung ist gegeben, wenn der gehetzte Hund die Kleidung der Person beschädigt (§§ 223, 223a StGB). Beschädigt der nicht gehetzte Hund von sich aus die Kleidung eines Gebissenen, so ist der Tatbestand nicht erfüllt, weil eine fahrlässige Sachbeschädigung nicht strafbar ist. Dies stellt jedoch eine Ordnungswidrigkeit dar.

Auch wenn Ihr Hund Passanten aus Freude anspringt, kann dies eine fahrlässige Körperverletzung sein (§ 223, 230 StGB).

Der strafbare Tatbestand der fahrlässigen Körperverletzung kann bereits dann gegeben sein, wenn ein Hund eine Person anspringt oder anbellt und diese Person (z.B. ein Kind) dadurch ein psychisches Trauma erleidet.

Verunreinigung durch Kot

Kotet ein Hund auf öffentlichen Spiel- und Liegewiesen, Kinderspielplätzen oder Gehwegen, wird der Kot abhängig vom Ort der Ablagerung unter den Abfallbegriff des Abfallgesetzes (AbfG) eingeordnet. Hundekot ist eine bewegliche Sache, derer sich der Hundehalter entledigen will. Das AbfG gebietet eine geordnete Entsorgung zur Wahrung des Wohls der Allgemeinheit. Hingegen macht sich laut § 326 Strafgesetzbuch (StGB) derjenige wegen fahrlässiger umweltgefährdender Abfallbeseitigung strafbar, der unbefugt Abfall, der Erreger gemeingefährlicher und übertragbarer Krankheiten bei Mensch oder Tieren enthalten oder hervorbringen kann, (...) außerhalb einer dafür zugelassenen Anlage ablagert. Das Abkoten des Hundes beziehungsweise die Nichtentfernung des Kotes kann den Tatbestand einer Ordnungswidrigkeit erfüllen und ist somit bußgeldpflichtig, wenn der Hundehalter zur Beseitigung verpflichtet ist. Andererseits kann z.B. Kot im Rinnstein beziehungsweise auf der Straße auch als außergewöhnliche, nicht bußgeldfähige Verschmutzung eingestuft werden. Dies kann nach den jeweiligen Straßenordnungen der einzelnen Städte und Gemeinden unterschiedlich geregelt sein, wobei der Hundehalter verpflichtet ist, sich hieran zu halten.

Wenn ein Hundehalter den Kot seines Hundes auf einer Spiel- oder Liegewiese nicht entfernt, kann dies als fahrlässige umweltgefährdende Abfallbeseitigung mit Geldbuße geahndet werden.

Kot auf der Spiel- oder Liegewiese kann den Hundehalter teuer zu stehen kommen.

Lärmbelästigung durch Bellen

Nach § 117 OwiG (Unzulässiger Lärm) handelt ordnungswidrig, wer Lärm erregt, der geeignet ist, die Allgemeinheit oder die Nachbarschaft erheblich zu belästigen oder die Gesundheit eines anderen zu schädigen. Die Regelung von Lärmbelästigung bleibt den Ländern überlassen. Die Lärmverordnung von Rheinland-Pfalz regelt z.B., dass grundsätzlich eine Nachtruhe von 22–6 Uhr und eine Mittagsruhe von 13–15 Uhr einzuhalten ist. Das Bayerische Immissionsschutzgesetz vom 8. Oktober 1974 beinhaltet dagegen keine entsprechende Regelungen, sondern überlässt es den Gemeinden, entsprechende Verordnungen über das Halten von Haustieren zu erlassen. Gegen berechtigte Störungen durch Hundegebell kann zivilrechtlich vorgegangen werden. Eine gerichtliche Anordnung zur Störungsbeseitigung kann das Festlegen von Bellzeiten sein, z.B. von 8–13 Uhr und 15–19 Uhr, wobei das Bellen jedoch nicht länger als 10 Minuten am Stück und maximal 30 Minuten pro Tag dauern darf.

Grundsätzlich sind Hunde so zu halten, dass durch den von ihnen verursachten „Lärm" niemand mehr als nur geringfügig belästigt wird. Gegen berechtigte Störungen durch Hundegebell kann zivilrechtlich vorgegangen werden.

Tierschutz-Hundeverordnung

Diese Verordnung gilt für das Halten und Züchten von Hunden. Die §§ 2–9 regeln die Haltung und Unterbringung von Hunden im Freien, in Räumen, im Zwinger oder zum Züchten.

So ist nach § 2 einem Hund mehrmals täglich in ausreichender Dauer die Möglichkeit zum Umgang mit Betreuungspersonen sowie regelmäßig Kontakt zu Artgenossen zu gewähren, um das Gemeinschaftsbedürfnis des Hundes zu befriedigen. Die Anbindehaltung (§ 7) ist seit 2023 verboten. Gemäß § 2 Abs. 4 darf ein Welpe erst im Alter von über acht Wochen vom Muttertier getrennt werden. In der Schweiz darf der Hund sogar erst ab der zehnten Woche abgegeben werden.

Es ist verboten (§ 2 Abs. 5), bei der Ausbildung, bei der Erziehung oder beim Training von Hunden Stachelhalsbänder oder andere für die Hunde schmerzhafte Mittel zu verwenden.

Die Tierschutz-Hundeverordnung regelt die Haltung und Unterbringung von Hunden. Die Verwendung von Stachelhalsbändern ist ausdrücklich verboten.

Gesetz zur Bekämpfung gefährlicher Hunde

Artikel 1 des Gesetzes vom 12.04.2001 regelt vor allem den Import gefährlicher Hunde in das Inland. Ein Einfuhrverbot besteht für die Hunderassen Pitbull Terrier, American Staffordshire Terrier, Bullterrier, Staffordshire Bullterrier und alle nach Landesrecht als gefährlich eingestuften Rassen sowie Kreuzungen mit den genannten Tieren (Strafe 5.000 Euro).

Einfuhrverbot besteht für die Rassen Pitbull Terrier, American Staffordshire Terrier, Bullterrier, Staffordshire Bullterrier und alle nach Landesrecht als gefährlich eingestuften Rassen sowie Kreuzungen mit den genannten Tieren.

Gefahrhundeverordnungen der einzelnen Bundesländer

Die Gesetze der einzelnen Länder dienen dazu, die Bevölkerung vor Gefahren, die von Hunden ausgehen können, zu schützen. In den Verordnungen wird im Allgemeinen definiert, welche Hunde als gefährlich anzusehen sind, wie die Haltung der Hunde zu erfolgen hat und welche Anforderungen der Halter erfüllen muss. Ein Hund gilt meist dann als gefährlich, wenn er bissig ist (einen Menschen oder ein Tier gebissen hat), in gefahrdrohender Weise Personen anspringt oder unkontrolliert Wild oder Tiere hetzt. Die meisten Bundesländer listen zusätzlich noch Rassen auf, die als gefährlich erachtet werden. Vor allem die Rassen Pitbull Terrier, American Staffordshire Terrier, Bullterrier und Staffordshire Bullterrier, für die ja auch Einfuhrverbot besteht, werden in den meisten Bundesländern als gefährlich eingestuft. Die Haltung dieser vier Rassen sowie eventuell weiterer Rassen ist je nach Bundesland mit mehr oder weniger strengen Auflagen gekoppelt, wie Leinen- und Maulkorbzwang (z.B. in Baden-Württemberg, Brandenburg, Bremen) oder fast ganz unmöglich, wenn z.B. ein berechtigtes Interesse nachgewiesen werden muss (z.B. in Bayern), um die Erlaubnis zur Haltung eines solchen Hundes zu erhalten. In den meisten Bundesländern müssen sich die gelisteten oder auffällig gewordenen Hunde einem Wesenstest unterziehen und können dann, je nach Einzelfall, von den Auflagen befreit werden. Ebenso müssen die Hundehalter in vielen Bundesländern ihre Sachkunde bezüglich der Hundehaltung nachweisen. In Schleswig-Holstein werden die Sachkundeprüfungen bereits nach dem Ihnen vorliegenden Buch durchgeführt. Es werden zur Vorbereitung hierzu auch entsprechende Kurse mit den Inhalten dieses Buches für die Hundehalter angeboten.

Die genauen Bestimmungen und Gesetzestexte der Gefahrhundeverordnungen der einzelnen Bundesländer können Sie unter den Internetadressen der zuständigen Ministerien finden (Links hierzu finden Sie unter www.bundestieraerztekammer.de).

SERVICE

Hilfreiche Links und Literatur

Folgende Bücherliste erhebt selbstverständlich nicht den Anspruch auf Vollständigkeit.

Zum Thema Körpersprache und Hundeverhalten allgemein:

Feddersen-Petersen, D.: Ausdrucksverhalten beim Hund. Kosmos (2008).

Feddersen-Petersen, D.: Hundepsychologie. Kosmos (2013).

Schöning, B.: Hundesprache. Kosmos (2013).

Zum Thema Erziehung:

Pryor, K.: Positiv bestärken – sanft erziehen. Kosmos (2017).

Theby, V.: Hundeschule: Hundgerecht lernen ohne Stress. Kosmos (2002).

del Amo, C., Theby, V. (Hrsg.): Handbuch für Hundetrainer. Eugen Ulmer (2021).

Zum Thema Probleme:

del Amo, C.: Probleme mit dem Hund. Eugen Ulmer (2007).

Schöning, B.: Hundeprobleme: Erkennen, verstehen und lösen. Kosmos (2011).

Links (u. a.)

Verhaltenstierärzte finden: http://www.gtvmt.de/service/suche-verhaltenstieraerzte/

Tierschutzgesetz:
https://www.gesetze-im-internet.de/tierschg/BJNR012770972.html

Tierschutz-Hundeverordnung: https://www.gesetze-im-internet.de/tierschhuv/BJNR083800001.html

Welpenhandel: https://www.bmel.de/DE/themen/tiere/haus-und-zootiere/illegaler-welpenhandel.html

Informationen zum Thema "Qualzucht": https://qualzucht-datenbank.eu/

Danksagung

Allen, die uns bei der Erstellung des Buches und zum Gelingen des Projektes „Hundeführerschein – Grundwissen Gefahrenvermeidung im Umgang mit Hunden" beigetragen haben, sei herzlich gedankt.

Ganz besonders danken möchten wir Frau Dr. Pia Geppert von der Bayerischen Landestierärztekammer, die uns weit über organisatorische Belange hinaus unterstützte und wertvolle Anregungen für das Manuskript lieferte. Ebenso möchten wir uns sehr herzlich bei Frau Dr. Julia Scholz, BLTK, bedanken, die uns aktuell in allen organisatorischen Belangen hervorragend unterstützt.

Unseren zahlreichen Fachkolleginnen und -kollegen danken wir sehr herzlich für die konstruktiven Anregungen und Diskussionen.

Ein großer Dank gebührt auch unseren Österreichischen Kollegen, ganz besonders dem Präsidenten der ÖTK, Herrn Mag. Kurt Frühwirth, sowie Herrn Dr. Erik Schmid für die Etablierung unseres Projektes als „ÖTK-Hundezertifikat" in Österreich.

Nicht zuletzt gilt unser besonderer Dank unseren beiden Kooperationspartnern und Herausgebern, dem Lehrstuhl für Tierschutz, Verhaltenskunde, Tierhygiene und Tierhaltung der Ludwig-Maximilians-Universität München und der Bayerischen Landestierärztekammer:

Ganz besonders bedanken wir uns bei Herrn Professor Dr. Michael H. Erhard, Vorstand des Lehrstuhls, für die in jeder Hinsicht gewährte Hilfe und stete Aufmunterung.

Unser Dank richtet sich ebenso an die Präsidenten der Bayerischen Landestierärztekammer für die gute Zusammenarbeit.

REGISTER

A
Abgabealter 10
Abputzen 52, 110
Aggression 43f,. 96, 104, 114
Aggressives Verhalten 11, 45, 87ff., 104
Älterwerden bzw. Alter 18f., 32
Amputieren 121
Angeleinter Hund, s. Leine
Angst bzw. Ängstlichkeit 10ff., 32, 38, 54, 77, 88
Angst, alleine zu bleiben, s. Trennungsangst
Angstaggression 88f.
Ansprechpartner, s. Verhaltenstherapeut
Anspringen, s. Hochspringen
Aufzuchtsbedingungen 6f.
Auslastung 25f., 34
Ausstellungsverbot 121
Auto, Hund im 117

B
Baby 6, 58ff., 111f.
Ballwerfen 26f.
Bauch kraulen 90f.
Bauhunde 16, 23, 25
Beißen, s. Biss
Beißhemmung 10, 36
Belästigung 77, 121
Bellen 66, 76, 92, 121
Belohnung 14, 29, 31, 36
Belohnung, unabsichtliche 29
Belohnungszeitpunkt 29, 48
Berührung, Kommunikation über 92f.
Beschwichtigungsverhalten 33, 86f.
Bestrafung 31, 46, 94, 105, 108
Besuch 29, 45, 65, 113
Bett 50, 56
Bewegungsbedarf 25f.
Biss 74, 94, 119
Briefträger 64f.
Bücher 123
Bürsten 25, 52
Bundesjagd- u. Bundeswaldgesetz 118

C
Campingplatz 75

D
Deeskalation 86ff., 94f.
Drohen, offensives 83f.

E
Eifersucht 58
Einfuhrverbot 121
Einkaufsladen 76
Ernstkampf 101f.
Erziehung, s. Hundeerziehung

F
Fahrrad, Laufen neben dem 25
Familienhund 18
Fixieren 89ff.
Flexileine 71, 81
Freilaufende Hunde 80, 98f., 118f.
Führungsrolle 43f., 97
Fußgängerzone 14, 81
Futter-Belohnung, s. Belohnung
Futternapf 48, 109

G
Gefährliche Hunde 121f.
Gehorsamstraining 27, 48, 80
Gemeindeverordnungen 116
Gerüche, Kommunikation über 92
Gesetz zur Bekämpfung gefährlicher Hunde 121
Gewalt 46, 53
Gewöhnung 14, 110f.
Grenzen setzen 23f., 36, 40, 44, 54, 59f., 62, 96

H
Habituation 6
Haftung 117
Haltungsbedingungen 6, 97, 121
Haltungserlaubnis 122
Haustiere 70, 81
Herdenschutzhunde 15
Hochspringen 36, 65, 68, 77, 92, 121
Hund kommt zu Besuch 66f.
Hundeerziehung 28 31, 35ff., 96
Hundehändler 10
Hundeschule 14, 35ff.

I
Ignorieren 31
Imponiergehabe bzw. Imponieren 78, 84, 90, 100f.

J
Jagdhundrassen 15, 26
Jagdverhalten 26f., 69, 74
Jagen 26f., 69, 118
Jogger 68, 70

K
Kastration, Auswirkung auf Verhalten 20
Kind 9, 58ff., 68, 73, 76, 111, 113
Kinderfreundlicher Hund 9
Knurren 24f., 45, 52, 60f., 63, 65ff., 76, 91f., 94, 96, 100, 104
Knurrspiel 59
Kommando 25f., 30, 38ff., 47f.

Kontrolle 68, 76f., 80, 95, 113
Körpersprache 83ff.
Körperverletzung 119
Kot 68, 120
Krabbelkind, s. Baby
Kupieren, s. Amputieren

L
Langeweile 34
Lärmbelästigung 121
„Leadership" 43, 53
Leine 68, 72, 78, 99, 108, 115f.
Lernen 28, 36

M
Maulkorb 103, 111, 113
Mensch aus Hundesicht 93
Mimik 82ff.
Mobbing 41f.

N
Naturschutzgebiet 118

P
Passant 68, 71, 76, 115

Q
Qualifikation 97

R
Rangordnung 43
Rassen, Beschreibungen 15ff.
Raufer/Rauferei 20, 40f., 67, 95, 100ff., 117
Regeln („Umgangsregeln") 46, 53, 96
Ressourcen 24, 89
Rücksichtnahme 68, 77

S
Sachbeschädigung 119
Sachkundeprüfung 122
Scheinkampf 101f.
Schimpfen 33, 94, 105
„Schlechtes Gewissen" 33
Schmerzen 20, 25, 62, 110
Schuldbewusstsein 33
Schutzhunde, s. Wachhunde
Schwanzwedeln 90
Sensible Phase 6, 12
Sessel 107
Sitzplatz 50
Sozialisierung 6, 11, 72, 88, 102
Spätreife Rassen 18f.
Spaziergang 69, 78, 106, 115
Spiel 8, 12, 21ff., 48, 50, 99
Spielplatz 74, 80
Spielregeln für Kind und Hund 60ff.
Stöckchenwerfen 26
Strafe 32f., 40, 96, s. a. Grenzen setzen
Straßenverkehr 68, 71, 81, 116

T
Territorium 15, 22, 75, 88, 99
Tierarzt 104, 106, 111
Tierhalterhaftung 117
Tierheim 12
„Tierpsychologe" 97
Tierquäl-Alter der Kinder 59f.
Tierschutz-Hundeverordnung 121
Tollwutverordnung 118
Trennungsangst 57f., 97
Treppenhaus 67, 75

U
Unsicherheit 45, 91f.
Unterordnung 87
Unterwerfung 86f., 91

V
Verhaltensprobleme 6, 8, 34, 44, 97
Verhaltenstherapeut 97, 112
Verhaltenstherapie 32, 46, 97, 104, 113
Verordnung über Hunde 121ff.
Vertrauensverhältnis 10, 45, 53, 98

W
Wachhund 15
Welpenauswahl 10f., 15ff.
Welpenspielstunde 35ff.
Wesenstest 122
Wildtiere 69, 81
Winseln 91
Wolf 15, 29, 43, 54, 69f., 82, 96

Z
Züchter 11, 18, 82
Zwei Hunde 64, 78
Zwinger 7, 10

Bildquellen

Silke Behling: S. 32, 39, 44, 58, 71, 76. Jürgen Bollig: S. 90 (3), 102. Dorothea Döring: S. 72, 73, 74. Sophie Eckhardt: S. 8. Getty Images/Paul Krol: Titelbild. IPO: S. 17, 66, 69. Hildegard Jung: S. 4, 19, 78, 88 r., 103. Hundeschule Jung: S. 42. Juniors Bildarchiv: S. 14, 21, 49, 81. Dieter Kothe: S. 29, 41, 55. Regina Kuhn: S. 10, 34, 83, 118. Naturfoto Kuczka: S. 7. © Reinhard Hinz PIXELIO: S. 40. Ulrike Schanz: S. 11. Royalty-Free/Corbis: S. 4, 63. Bildagentur Waldhäusl/Arco Digital Images/Steimer C.: S. 97. Richard Chaff/Shutterstock.com: S. 23. Tomsickova Tatyana/Shutterstock.com: S. 65. Zivica Kerkez/Shutterstock.com: S. 51. Sämtliche Zeichnungen: Dorothea Döring

Die in diesem Buch enthaltenen Empfehlungen und Angaben sind von der Autorin/vom Autor mit größter Sorgfalt zusammengestellt und geprüft worden. Eine Garantie für die Richtigkeit der Angaben kann aber nicht gegeben werden. Autorin/Autor und Verlag übernehmen keine Haftung für Schäden und Unfälle. Bitte setzen Sie bei der Anwendung der in diesem Buch enthaltenen Empfehlungen Ihr persönliches Urteilsvermögen ein.
Der Verlag Eugen Ulmer ist nicht verantwortlich für die Inhalte der im Buch genannten Websites.

Anmerkung zur Schreibweise (Gendering): Gendergerechtigkeit und Inklusion sind bei uns gelebte Praxis – bei der Auswahl unserer Themen, bei der Recherchearbeit, in der Gestaltung. Unsere Texte meinen alle. Damit unsere Inhalte jedoch gut lesbar bleiben, verzichten wir in diesem Werk auf die jeweilige Mehrfachnennung oder Anpassung der Schreibweise bestimmter Bezeichnungen an die weibliche, männliche oder diverse Form.

Bibliografische Information der Deutschen Nationalbibliothek
Die Deutsche Nationalbibliothek verzeichnet diese Publikation in der Deutschen Nationalbibliografie; detaillierte bibliografische Daten sind im Internet über http://dnb.d-nb.de abrufbar.

Wollgrasweg 41,
70599 Stuttgart (Hohenheim)
E-Mail: info@ulmer.de
Internet: www.ulmer.de
Projektleitung: Kathrin Gutmann, Saskia Hoen
Umschlaggestaltung: Anette Vogt, www.redsign.de, Stuttgart
Satz: r&p digitale medien, Echterdingen
Druck und Bindung: Firmengruppe Appl, aprinta Druck, Wemding
Printed in Germany

ISBN 978-3-8186-2045-5

SO MACHT LERNEN SPASS: DER KURS ZUM BUCH

Hat Ihnen dieses Buch gefallen und haben Sie Lust, Ihr Wissen auf diesem Gebiet noch zu festigen und zu vertiefen? Dann ist der (Theorie-) Kurs „Hundeführerschein – Grundwissen Gefahrenvermeidung im Umgang mit Hunden" gerade das Richtige für Sie. Das Buch „Der tut nix" ist gleichzeitig auch Lehrbuch für diesen Kurs. Hier lernen Sie mit Hilfe von Videos, anschaulichen Präsentationen, Arbeitsbögen, Rollenspielen, Diskussionen und praktischen Elementen viel Wissenswertes über Hundeverhalten, den richtigen Umgang mit den Vierbeinern und über Gefahrenvermeidung. Der Unterrichtsstoff wird anschaulich anhand vieler Alltagsbeispiele, humorvoll und gut verständlich vermittelt.

Der Kurs wird von entsprechend geschulten Tierärztinnen und Tierärzten angeboten, umfasst (mindestens) 12 Stunden und endet mit einer theoretischen Prüfung. Bei Bestehen erhalten Sie ein Zertifikat der Landestierärztekammer. In manchen Bundesländern, in denen für die Halter bestimmter Hunde ein Sachkundenachweis vorgeschrieben ist, wird die Prüfung als Sachkundenachweis anerkannt (z.B. Schleswig-Holstein). Am besten erkundigen Sie sich bei Ihrem Tierarzt oder bei der Tierärztekammer.

So finden Sie beispielsweise auf der Homepage der Landestierärztekammern von Bayern (www.bltk.de) und Schleswig-Holstein (www.sh.tieraeztekammer.de) Übersichten über die angebotenen Kurse sowie weitere Informationen.

Übrigens: Eine Doktorarbeit am Lehrstuhl für Tierschutz, Verhaltenskunde, Tierhygiene und Tierhaltung der Ludwig-Maximilians-Universität München hat festgestellt, dass der Wissensgewinn der Kursteilnehmer erheblich ist (nachzulesen unter edoc.ub.uni-muenchen.de/5948/1/May_Barbara.pdf). Und die Bundestierärztekammer hat diesen „Hundeführerschein" als theoretischen Sachkundenachweis empfohlen.

Mittlerweile wurde der Kurs von der österreichischen Fachstelle für tiergerechte Tierhaltung und Tierschutz überprüft und als tierschutzkonform ausgezeichnet.

Beispiel aus dem Kurs:
Ihr Hund zwickt Sie im Spiel.
Wie sollten Sie reagieren?